Half Farming, Half X

半農半X

これまで・これから

塩見直紀 藤山浩 宇根豊 榊田みどり 編

創森社

半農半Xへの道～序に代えて～

半農半Xとは、持続可能な農ある小さな暮らしをベースに、天与の才（X＝天職、生きがいなど）を世に活かす生き方（提唱者で本書の編者の一人、塩見による）。平たくいえば、農業を営みながら自分の好きなこと、やりがいのある仕事に携わる生き方ということになる。

先行きが見通せず、ますます生きにくい社会になるなかで、田舎暮らしや新規就農、定年帰農など農的暮らしへの関心は高まっているが、いざ実現するとなると所得はもちろん、移住先の就農・就業の機会や住まいの確保など生活基盤づくりのハードルがそれなりに高い。その点、半農半Xは当初の経済的負担が比較的少なく、段階的な取り組みで就農・就業の目途がつくことなどもあり、若い世代を中心に受け入れやすく普遍性のあるものとなっている。

半農半Xのコンセプトが提唱されてから、すでに四半世紀余り。農水省の『食料・農業・農村計画』（2020年3月）の中でも「多様な農への関わりの支援体制」として触れたり、島根県による「半農半X支援事業」（2012年度から）の先駆的な取り組みを筆頭に長野県、北海道、福岡県、愛知県などでも実情に応じた支援事業を導入したりしており、半農半Xは農の多様な担い手としても位置づけられるようになり、変容しながらも見直されてきている。

低成長、脱成長の現代。ニューノーマル（新常態）と呼ばれる働き方が拡大しているが、本書は半農半Xに取り組む方々の現場での実践報告を主に関係者、研究者などの方々の視点、指摘を加え、その意義・役割と具現性、可能性を照らし出すことを企図している。

2021年　木の葉色づく頃に

編者一同

半農半X～これまで・これから～ ◎もくじ

稲架かけ
（山梨県北杜市）

第3章　報告　半農半Xの動態と地域的展開　129

第7章 半農半X、兼農・多業への潮流と新たな展開

榊田みどり 265

新天地でレタスなど栽培
（島根県吉賀町）

● M E M O ●

◆本書は半農半Xのコンセプトが提唱されてから四半世紀余りになり、小規模・家族農業、有機農業の再評価、田園回帰の潮流があるなかで、各地に根づいた多様な実践例や自治体などの支援例を報告しながら、半農半Xの推移・実態・傾向と、可能性を多角的に探っています。

◆執筆陣は半農半Xの実践者の方々を主にしながら関係者、研究者、ジャーナリストなどで編成しています。

◆カタカナ専門語、英字略語、難解語については主に初出の（）内や注釈などで語意を解説しています。

◆文中に登場する方々の所属、役職は執筆当時のもので、執筆者によっては一部の方々の敬称を略しています。

◆表紙カバー、4色グラビアの半農半Xの英訳 Half Farming, Half X は、26頁に記述どおり環境NGO「JFS」によって世界に発信されたレポートを参考に使用しています。

果樹園用につくったネームプレート
（ぴたらファーム＝山梨県北杜市）

Half Farming, Half X

半農半X GRAFFITI

ガイドとして雪の残る山を歩く

米づくり、山案内などを組み合わせて

矢口拓さん（長野県池田町）

※詳しくは本文 P.50 ～

▼北アルプスの麓の水田に早苗が並ぶ

常駐隊員として山の安全にも取り組む

▲特別栽培の水田は、ゴロを使って除草する

▶薪割りは苦労するが、心身のトレーニングになる

◀自給野菜のノザワナは漬け物用

持続可能でオーガニックな暮らし方へ

ぴたらファーム（山梨県北杜市）

※詳しくは本文 P.151 ～

▲旬の有機野菜を８種類ほど入れた野菜の宅配セット

▶田植え後の水田。2021年にはここで合鴨農法の米づくりに挑戦

▲手づくり消しゴム印でデザインした米袋に入れて米を出荷する

▶イネ刈りの際のひとときき。外国からのボランティアも参加

チャボは就巣本能を持ち雛をかえしてくれる

◀刈り草などを食べるヤギ

ヒツジも貸し菜園の仲間に

夏の貸し菜園講座。ファーム長が初心者にもわかりやすく畑作業を伝える

人気商品は昔ながらの自家製ウメ干し

冬の風物詩の干しガキ。サルにねらわれるので注意が必要

古民家の庭はハーブガーデンになっている

▶シェアハウスの土壁を改修

放牧養豚とレストランと

佐藤剛さん・麻衣子さん（宮城県川崎町）

※詳しくは本文 P.34 ~

放牧地を狭しとばかりに駆け回る肥育豚

泥んこ遊びの
ひととき

ベーコンを持ちながらのツーショット

▲ 30 分以上かけて焼き上げた豚のローストは定番メニュー

◀ルッコラ、カラスノエンドウなどを生かしたアレンジメントを店内に飾る

第1章

半農半Xの誕生、背景から射程、強度まで

半農半X研究所
塩見 直紀

筆者が生まれ育った故郷の風景（京都府綾部市）

四半世紀の思索から

二つの軸を示す言葉

「半農半X」とはわずか4文字だが、見る人が見れば、一瞬にして深く悟ることができる言葉かもしれない。たとえ、私が明日逝ったとしても、この4文字さえ残れば、このコンセプトをさらに深めてくれる若者が出てくるだろう。

半農半Xという言葉は私たちが向かうべき2軸を示している。一つは人生において農は大事じゃないか、持続可能な農ある小さな暮らしを志すという方向。もう一つは天与の才を世に活かすことは人生の、また社会のしあわせという方向。座標軸に置いてみると、めざすところが見えてくる。

半農半Xがこの世にもたらした最大の意味は何か。それは耕作放棄地の解消とかそういうことではなく、「方向性の提示」であったと思っている。

いまは皆、海図なき航海をしてしまっているような時代。北極星も灯台の灯りも見えず、羅針盤もなかったり、壊れてしまっているような状態だ。そんな時代にあって半農半Xは、この方向で生きるということは、そう間違いではない、大事なものを見落とすことはなく、ボタンを掛け違うことはない、ということを4文字で伝えてきたのではないだろうか。それがゆっくり受け入れられていった。

自由に発想していいと言われると、逆に難しく、何か制約が欲しい。デザイナーや建築家はよく言う。25年前に生まれた「半農半X」も制約をかける考え方だ。半農半Xという制約がこの時代にどんなことを意味しているか。カール・マルクスが示唆したことからの気づきを書けば、「自由過ぎず（半自由）、手による生産・創造が重要」となるかもしれない。

半農半Xの提唱をおこなってきて、この約25年間を振り返れば、半農半Xには常に追い風を感じてきた。それはそうだろう。時代がますます困難になっているからだ。いままた半農半Ｘへ風が吹いている。誕生四半世紀を経ての本書の役割は、さらなる深い自己変容と社会変容のデザインのためである。ラストチャンスとして。

コンセプトは進化、深化中

半農半Ｘコンセプトはいまも進化、深化中だ。それはいま、私一人がおこなっているのではない。日本の、東アジアの市民によって収斂、社会実験がおこなわれている最中だ。本書の執筆陣もみなそうだろう。

　半農半Ｘは完璧なコンセプトではない。米国の社会学者タルコット・パーソンズによると、コンセプトとはサーチライトだという。古いサーチライト（コンセプト）だと、照らし出せない部分があるが、新しいものだと、照らし出せる領域が増えたり、新たな可能性の発見もあったりする。もちろん言語化には功罪もあり、照らし出すことによるマイナス面を発生させることもある。言葉にするとはそういうものだ。

　兼業農家というサーチライトでは照らせなかったが、半農半Ｘで見えてきたこと、広がった可能性は何か。半農半Ｘというコンセプトは何を世に見せたのか。半農半Ｘではまだ照らせぬものや領域は何か。本書に触れた読者によって、新たな概念が生まれたり、新しい時代をつくるきっかけなどが産出されることを願っている。

半農半Ｘの言葉が生まれた時代

　１９９３年から94年頃、半農半Ｘという言葉が私の中に生まれた。ときは、92年の地球サミット（UNCED）、93年の「平成の米騒動」と、95年の阪神淡路大震災、地下鉄サリン事件という日本を揺るがす出来事の間。半農半Xの誕生は私が28～29歳のときのことであった（**表1-1**）。

「食料・農業・農村基本法」の中身に大きな影響を与えた木村尚三郎さんが著した『「耕す文化」の時代』（1988年）は私にも影響を与えている。2020年3月、閣議決定された食料・農業・農村基本計画に半農半Xの文字が以前よりまして盛り込まれていることをおもしろく思う。木村さんがまいた種がゆっくり芽吹いていているようだ。

半農半Xとは、持続可能な農ある小さな暮らしをベースに、大好きなこと、「天与の才」（X＝天職、使命、生きがい、ライフワークなど）を世に活かす生き方だ。

農の時間は1日の労働時間の半分でなくてもいい。朝だけ、夕方だけでもかまわない。面積も自分サイズでいい。市民農園でも家庭菜園でも通い農でもベランダでもいい。場所は田舎でも都会でもいい。都市を否定したり、田舎が絶対とはしない。都市と農村の心の対立を超えていこう。土や植物に触れ、草を敵とせず、小さな虫も愛でる。「人間が一番」というこころを捨てる。レイチェル・カーソンがいう「センス・オブ・ワンダー」（自然の神秘さや不思議さに目を見はる感性）を取り戻す。

手作業や手塩にかける大事さを思い出したり、家族と大好きな場所で謙虚に、創造性をもって生きられたらと願うものだ。半農半XのXは何を入れても自由。敷居の低さ、柔軟性、汎用性、アレンジ自由も受け入れられた理由の一つだろう（**表1-2**）。

環境問題と天職問題

半農半Xとは誰かのためやマーケティング用語ではなく、これからの生き方、暮らし方、働き方に悩んだ私が20代の後半、自分自身を救うためにつくった言葉だ。背景として大きく二つある。環境問題と天職問題（筆者造語、自分の使命は何で、この人生をどう生きるかということ）だ。

環境問題は当時よりさらに顕在化している。年々、持続可能性が世界の大きなテーマとなっていく。天

表１－１　半農半Ｘヒストリーメモ　（筆者作成）

1989	大学卒業後、大阪のフェリシモに入社、環境問題と出会う
1992	リオで地球サミット
1993	平成の米騒動
1993 ～ 1994	半農半Ｘコンセプト誕生
1995	阪神淡路大震災、地下鉄サリン事件
1996	自給農スタート（田畑）
1999	33 歳を機にＵターン、メディアで半農半Ｘの文字初登場 （「月刊湧」、増刊現代農業「ボランタリーコミュニティ」）
2000	半農半Ｘ研究所設立、公式ホームページによる発信開始
2002	増刊現代農業「青年帰農」に初寄稿
2003	日本経済新聞記事、初単著『半農半Ｘという生き方』上梓
2006	２冊目単著『半農半Ｘという生き方実践編』刊、 台湾で初めて翻訳出版、東京初講演
2007	３冊目単著『綾部発　半農半Ｘな人生の歩き方 88』、 共編著『半農半Ｘの種を播く』刊、 綾部で１泊２日の「半農半Ｘデザインスクール」開講
2009	台湾初講演、中国成都の雑誌で半農半Ｘが 20 頁で特集、 半農半Ｘに関するレポートが英語で世界に発信される
2012	総務省地域力創造アドバイザーに
2013	台湾で２冊目翻訳出版、中国で初めて翻訳出版
2014	中国、韓国で初講演、半農半Ｘ本文庫化
2015	韓国で初めて翻訳出版、中国で２冊目翻訳出版
2016	中国で１冊目の本が重点大学の出版社から新装刊
2019	綾部Ｕターン 20 年
2020	半農半Ｘ研究所設立 20 年、新「食料・農業・農村基本計画」 閣議決定
2021	ベトナムで翻訳出版予定

表１－２　半農半Ｘの農とＸについての考え方　（筆者作成）

農	面積：広くてもベランダでも
	時間：長くても短くても、週末援農でも
	場所：都会でも田舎でも
	内容：和食の素材、地域性など
	重視：センス・オブ・ワンダー、人間中心主義を超える
Ｘ	フルタイムでもボランティアでも
	起業しても会社員や公務員でも
	Ｘが見当たらない→周囲のサポートを
	Ｘは１つでなくてもいい、いくつでも、季節変動でも
	名詞（職名）というより、動詞（つなげたい、癒したい）か
	Ｘのイメージ＝生涯にわたって作品を高め続ける陶芸家

職問題はどうか。人は個性を発揮できる時代になったが、かえって個性を失う時代でもある。世界は向かうべき方向を、人は生きる意味を失っているようにも見える。だんだん生きづらくなっている。貧困や孤独、分断など、コロナ禍で顕在化したものも多い。

草刈りも思索のとき。胸のポケットに紙とペンを入れている（筆者）

半農半漁というすばらしい言葉は、いつ誰が考え出したのだろう。半農半医や半農半陶、半農半士といった先人の言葉にも出会っていくなかで、「夜明け前」などの小説で有名な島崎藤村は大正15年（1926年）発表の小説「嵐」の中で、「半農半画家の生活もおもしろいじゃないか」という台詞を使っていることも知る。画家になりたい子どもに親は「半農半画家」という生き方を提案するのだった。

大島丈志著の『宮沢賢治の農業と文学』（2013年）によると、宮沢賢治も講演のなかで「半農半商」と使用しているという。半農半画家と半農半商。藤村のなかには、生きる意味や自己表現といったものが感じられ、賢治のなかには厳しい気候や災害などを乗り越え、収入や副業への悩みというものが感じられる（**表1-3**）。

半農半Xとは、兼業農家の農村で生まれた者（筆者）が、都会の生活のなかで環境問題に出会い、農の大事さ、農村の持続可能性に気づいたものだが、いくつか特筆したい点がある。兼業農家だったわが

表1－3　晴耕雨読、半農半漁、半農半Xからの発想

晴耕雨読からの発想	晴耕雨創（川喜田二郎）
	晴耕雨奏（ピアノ デュオ・ザイラー夫妻）
	晴耕雨木
半農半漁からの発想	半農半士
	半農半陶
	半農半医
	半農半商（宮澤賢治）
	半農半工
	半農半画家（島崎藤村「嵐」）
	半農半電
	半農半著（作家・星川淳） ※半農半Xに影響
半農半著からの発想	半農半X
半農半Xからの発想？	半農半芸（取手アートプロジェクト）
	半公半X（京都府）
	半農半公（丹波市）
	半X半ＩＴ（徳島サイファーテック）
	半猟半X（岐阜・猪鹿庁）
	半林半X
	半介（介護）半X
	半議員半X
	半官半X（海士町）

家だけかもしれないが、私（1965年、昭和40年生まれ）の小学時代はすでに子どもを労働力としていなかったようで、私のなかで農業に対する嫌悪感は生じていなかった。昭和30年代半ば以上の世代からよく聞いた、働かされたことによる「農業は嫌いだ」という台詞に私は違和感をもってきた。私の農への想いも本書で記しておきたい（**表1－4**）。

半農半Xの誕生前である20代（大卒後の社会人の5年間）、影響を受けた五つの視点もまとめてみた（**表1－5**）。同じく特筆すべき点として、「ソーシャルデザイン」という視点をあげておきたい。

ソーシャルデザインは、米国の「ホール・アース・カタログ」（1968年創刊）の影響を受けて日本で編まれた雑誌「エコロジーグッズカタログ」（1991年）のなかで1991年頃、出会った言葉だ。ソーシャルデザインは筆者のやりたいことをひとことで表現してくれるものであった。「創造性の発揮、創造性開発」という視点も半農半Xのなかに内包されている。変革には国民の創造性の発揮、創造性教育という視点が必要だと20代から感じてき

表1－4　筆者や周囲が考える半農半Xの「農」への想い（筆者作成）

半農半Xにおける「農」への想い	農、農業へのリスペクト、尊敬の念
	行き過ぎた人間中心主義を超えて、脱却
	想定していたリスク　化石燃料が入らない時代、食料危機
	サバイバル対応
	農からインスピレーションを得たい、創造の源
	家族に安心の食べ物を
	農100%は自信がない、したくない、すべきでない（理由：規模拡大、農薬、ハウスより露地栽培、不耕起）
	農0%ではまずい時代
	農100%で世界の問題が解決するわけではない
	ゼロでも100でもない

表1－5　半農半Xの背景　半農半X誕生前、筆者が20代のとき影響を受けた5視点（筆者作成）

半農半X	自己探求（天職問題、生きがい）
	ソーシャルデザイン（社会変革）
	創造性発揮、創造性開発（教育、感性）
	持続可能性（環境問題）
	7世代後／後世／将来世代（時間軸）

た。半農半Xを卒論や論文などで扱う人のため、新たな手がかりの提供となればと思う。

兼業の受け止め方

兼業農業との違いなどについてよく質問があるので、触れておきたい。京都府綾部市で創業し、本社を今も同市に置く上場企業、ネジメーカーとしても有名な日東精工に勤め、すぐれたエンジニアでありながら、兼業農家として、地域の農地を守る人も多い。私はこうした半農半エンジニアは理想形の一つだと思っている。

得意な仕事やボランティアなどが自分のXだと自覚している人もいる。そうした兼業農家は私の目から見れば、半農半Xである。

故郷の綾部市志賀郷町には広い面積で米づくりをおこなう専業農家で、移住促進や村づくりのリーダーでもある井上吉夫さんがいる。パワフルな活動をおこなう氏を半農半Xと呼ぶことは躊躇するが、私の目から見れば、半農半X（全農全Xと呼んでもいい）である。どちらかではなく、両方大事にする時代がいまだ。

家族農業についての想いも述べると、世界には多くの人々が家族農業をおこなうが、圧倒的に困難な地域、人々も多い。半農半Xという考え方が届くことによって、新たな道が少しでも世界で拓かれていくことを願う。そして、それによって、SDGs（エスディジーズ、持続可能な開発目標）のゴールへと近づけばと。未来予測となるが、今後、半農半Xは英国発のコンセプトである「社会的処方」としての視点も増えていくだろう。

綾部でおこなってきた田んぼ版市民農園。稲架かけで天日干し

半農半Xの海外の広がりから見えてくるもの

都会の若者からの反響

半農半Xの文字がメディアで初めて登場するのは、1999年のこと（19頁の**表1-1**）。2002年、増刊『現代農業「青年帰農」』（農文協）で初めて半農半Xを詳述。2003年1月の日本経済新聞に大きく紹介されたことで東京の出版社から執筆要請があり、初めての単著を上梓した。

都会の若い人に強い出版社のためか、無名の筆者にもかかわらず都市部の書店で平積みされ、その週からメールや手紙が届き出し、故郷の綾部まで訪問や移住が始まった。綾部への移住は今も続いている。移住は綾部へ、だけでない。半農半Xを志す人が今日も新しい生き方を日本のどこかで始めたり、この瞬間も夢見ているだろう。

台湾、中国での受け入れ

拙著を大阪で手に取ってくれた20代の台湾人女性によって台湾の出版社にもたらされ、2006年、『半農半X的生活』という題で出版された。台湾の編集者によって、「順従自然・実践天賦」という副題が添えられた。わずか8文字で、人の生きるべき方向を的確に表現している。自然をコントロールしようとしてしまっている私たちに自然とは寄り添うもの、内包されるものという東洋的な思想を思い出させてくれる。私たちの考え方はあまりにも貧困となってしまっている。最良のイノベーションは新しい考え方をつくることだ。新しい考え方、深い思想、豊かな世界観が未来には必要だ。

講演で訪問した台湾の農村で半農半Xの生き方をする若者が言った。「半農半Xという言葉によって、自分がめざすことが周囲に伝えられるようになった。地域の人もすぐ理解してくれる」と。半農半Xという言葉は日本も台湾も特別なものではなくなり、普通に使われる言葉になった。「半農半Xしてる」と動詞的に若者は使う。

台湾本が中国にもたらされ、2009年に成都のタウン誌編集者からメールが届く。「いま中国人も半農半Xコンセプトを求めている」とあり、驚いた。2013年、中国でも出版。中国で講演の機会を得たり、読者が綾部までやってきたり、中国からの社会起業家スタディツアーのコースとなったり、国境を超え、同じ価値観でつながる時代が到来している。

中国というと、半農半Xとは真逆な世界と思う人もいるだろう。出版後、中国から私の住む村までやってきた中国人読者がこんなことを教えてくれた。「いままでは時代の先を行く人が読んでいたが、いまはまさにボリュームゾーンである層が読んでいる」と。私は中国と半農半Xは親和性があると感じている。

日本のような食べ物の安心さが得られなかったり、信頼が置けないと考える中国人も多く、あきらめないで生きていくには、自分でつくるほうが安心だとみな考えるようだ。生存への欲求は日本人より中国人のほうが格段に強いだろう。その中国において、家族や一族の生命を守りつつ、天命に沿い、生き長らえるには半農半X、というのは自然な流れかもしれない。中国人はなぜ半農半Xを受け入れる

台湾（花蓮県）での種まき体験（素足で土かけ、手まき）

台湾での翻訳本の書名は『半農半Ｘ的生活』

筆者の住む綾部への中国からのスタディツアー

か。また旅ができる時代がくれば、中国の半農半Xな友を訪ね、意見交換してみたい。

韓国などでの芽吹き

韓国でも出版され、東アジアすべてに伝えられた。2020年末、ベトナムより翻訳出版のオファーがあり、現在翻訳中だ。新たな地でどんな物語が芽吹くのか。さらなる四半世紀に、異国でゆっくり半農半Xコンセプトが広がり、道具として活かされたらと願う。

余談だが、半農半Xの4文字を英語でどう表現するかは、以前からの課題で、まだ定訳をもっていない。かつて「Half Farming, Half X」と訳した環境NGOのJFS（ジャパン・フォー・サステナビリティ）による英語のレポートが世界に発信されると、世界各地からの反響もあった。本書の表紙カバーなどでもこの英語訳を援用しているが、読者ならどう訳すだろうか。

足もとからの多彩なコンセプトの出現

半農半○や半X半○への展開

ここまで紹介したのは海を超えての話だったが、半農半Xにはもう一つの広がりがあった。企業や公務員の兼業認可時代もきている。地方議員のあり方をめぐり、「半議員半X」という考え方も議論され始めている。農文協の『シリーズ田園回帰6　新規就農・就林への道』（2017年）には「半林半X」という言葉も大きく登場した。

徳島県美波町のIT会社サイファー・テックの吉田基晴社長は半農半Xからインスピレーションを得て、「半X半IT」な社員を募集。優秀な社員を地方に集められるようになり、周辺にも考えが拡大。徳島知事も講演で「半X半ICT」と話す。

島根県海士《あま》町は「半官半X」でマルチワークを実

験中。兵庫県丹波市は「半農半公」を試みてきた。茨城県取手市の東京藝大系の「取手アートプロジェクト」は「半農半芸」。各地で広がるソーラーシェアリングは半農半電だ。イノベーションとは新結合。新しい組み合わせをいかにこの国でつくれるかが重要だ。

関係人口、一人多役、マルチワークなども含め、半農半Xコンセプトはこうしたことも少し触発したのかもしれない。一人多役という考え方と半農半Xが合致したように、人生１００年時代のあり方も半農半Xコンセプトとさらに合致していくだろう。

着色ムラをなくすため、リンゴの周りの葉を摘み取る。青森県弘前市では、労働力不足対策の一つとして、2021 年から市職員によるリンゴ生産アルバイトを推進している。リンゴ生産に特化した公務員の兼業推進は全国初

農村維持と半農半Ｘ人財のソフトパワー

拙著『半農半Xという生き方』（２００３年）はどんな人に読まれたのか。出版時のデータから見えてきたのは、特に都会に住む20～40代の若い世代だということだった。この子育て世代がいま全国で争奪戦が繰り広げられている移住施策のメインターゲット、最も欲する層と重なる。自分資源（X）を有し、地に足をつけ、新時代の修行の地を求める人だ（**表１-６**）。

全国各地での講演の先々でたくさんの方と出会ってきた。名刺交換するとき、相手の肩書き欄に、半農半心理カウンセラー、半農半理学療法士、半農半建築士、半農半コンサルタントなどと記されていることも多く、多様なXを肌で感じてきた。私はこれを「使命多様性」と呼んでいる。

半農半Xスタイルで農村に入る若い世代を見てき

て感じるのはみなクリエイティブであるということ。「新しいものを生み出せる力」が日本において低下するなか、若い世代に私が特に期待するのは、このソフトパワーの面だ。

世界はいま、都市も、農村も魅力の創造、ソフトパワー競争時代。「新しい魅力をつくる力」が必要だ。先人がつくってくれたものに加え、新たな「文化の香り」がまちづくりには必要。地元の人だけではつくれない文化がある。半農半Xな人財が加わることは、農村の、地方の重要な力となる。半農半Xは小さいながら、食料と農業と農村、そして文化の継承・創造にも貢献していく（**表1-7**）。

農に関してはずっと以前より、農閑期の収入の確保が課題であった。福井県鯖江市の眼鏡づくりも、北海道の木彫りの熊などもあらためてその意味を考える価値がありそうだ。大正時代、長野県上田市において、山本鼎が「日本農民美術研究所」の取り組みを始めた。芸術で農民の副業づくりを考えた取り組みはいまの時代から見ても興味深い。

産業革命後、機械化、効率化による生きづらさ、人間疎外の問題が生まれ、100年以上前の1898年、イギリスのエベネザー・ハワードにより「田園都市論」が提唱されている。

コロナ後のあり方を探るために、これも創造的再考をすべきだろう。テレワークによって、昼休み、家庭菜園の世話ができるようになったと喜びの声がコロナ禍のなか、たくさん届いた。こちらも多様な観点から、可能性を感じる。

半農半Xの可能性と普遍性

「食べ物」と「生きる意味」が必要

東アジアにも広がった半農半Xだが、半農半Xに普遍性があるとしたら理由は何か。たどり着いたシンプルな二つの理由の一つは他の生命をいただかないと生命維持ができないということ、生命としての

表1－6　半農半Xを求める人の特徴　（筆者作成）

半農半Xを求める層	読者データでは20～30代、40代前半（子育て世代）
	小農志向、自然志向、無農薬・有機・不耕起志向
	高い環境意識
	高学歴傾向
	暮らしをていねいに
	創造性の発揮をめざす
	高い情報発信力
	手に職がある、自分の仕事は自分でつくるという意識
	社会性（社会貢献）、縁、結いを大事に

表1－7　半農半Xと関連分野・領域　（筆者作成）

半農半X	農（食料・農業・農村）	農業のシュリンク、農業就業人口減少対応
		食料自給率対応、自給力の向上
		耕作放棄地の解消
		農の多様な担い手の創造（農の関係人口、パラレルノーカーなど）
		移住施策（子育て世代など）
		農村・集落維持
		多様な連携（農福連携など）
		農的生活による健康増進、ストレスレス、医療費削減
		新たな発想による地方創生
		家族農業
		SDGs
	中間領域	価値創出、6次産業化、ソフトパワーの発揮、情報発信
		教育（農からの科学や芸術的な発想、教育、探究学習、生きる力）
	X	多様な人財活用、みんなのXを活かしたまちづくり（市民参加、多様な才を活かす、社会的処方）
		一人多役
		組み合わせの時代（パラレルキャリア、マルチワーク、多業、副業、スラッシュキャリア、テレワーク、ワーケーションなど）
		1人1研究所社会　それぞれのXを生涯、探究し合う社会
		生きがい、孤独、アイデンティティクライシス
	未来領域	新しい社会の方向性、新たな社会ビジョン、SDGs（誰1人取り残さない社会）、天職を応援するまち　人生探求都市
		観光の新たなかたち、天職観光（Xのヒントを探す旅）
		地域資源の可視化、人と地域のXの可視化
		社会的処方
		新田園都市構想、思索産業

宿命。もう一つは、人には「生きる意味」が必要だということ。食べ物があっても、これがないと心は満たされない。いま、生きる意味の枯渇がはげしい。

この生き方が支持されるもう一つの視点も記しておきたい。それは、産業革命以後の「生きづらさ」という問題と「収入問題」だ。グローバルな時代は都市も地方、農村も同じ悩みを持つ、同時代的ということだろうか。また、半農半Xの農とは「サバイバル時代対応」であり、Xとは「AI（人工知能）時代対応」の提案でもあるのかもしれないと最近感じている。

ライフスタイル論から政策の領域へ

拙著はアマゾンなどでの本の分類は「ライフスタイル論」だった。田舎暮らしやスローライフという棚に置かれることもある。「半農半Xは塩見さんの個人的な生き方、ライフスタイル」と言われた時期もあったが、時代は変わった。

「多様な農業の担い手」として、半農半Xも位置づけられる時代もやってきた。北海道においてもそうである。JAグループ北海道では「パラレルノーカー」（パラレルワーカー＝複業と農家を掛け合わせた言葉）を重視するようになった。島根県で政策化されて久しい。半農半Xは国の農業政策の中にも登場し、ライフスタイル論を超えて、政策の重要な領域にも入ろうとしている。

世界の選択肢は減っている。（意識が変わればシフトは簡単なのだが、）もう打てる手はあまりない。イノベーティブ（革新的）な政策はなかなか期待できないなか、半農半Xは実現可能なものとして、農政などにおいてもますます重要なコンセプトになっていく。

いきなりの専業は難しい。まずは半農半X人口（農業配慮者人口、筆者造語）をしっかり増やすべきだ。そこから専業の農家になる人も多くいる。

半農半Xをテーマに内閣府の加速度交付金を得た福岡県香春町《かわらまち》の担当者はこう教えてくれた。「町では農地も、空き家も提供できるが、仕事はそうではない（提供できないので、Ｘを持参してほしい）」。

日本の多くの町は農地と空き家を提供できる。

道はどこにあるのか ～めざすビジョン～

「詩も田もつくれ」が歩むべき道

「詩をつくるより、田をつくれ」ということわざがある。実利が大事という考えに、もっともだという人もいるし、反論する人もいるだろう。禅の公案のように考え続けていたら、以下の三つの言葉が浮かんできた。

①「田をつくるより、詩をつくれ」。魂の表現にこだわる芸術家的な生き方。

②「詩も田もつくるな」。創作は詩人に、米づくりはプロ農家に、それぞれプロに任せろということ。あなたは何も考えなくてもいいということ。すべてが他者任せの国に日本はなっている、その象徴のような言葉だ。

③「詩も田もつくれ」。魂が求めるなら、この国の未来を憂うるなら、両方すればいい、というメッセージ。

②の「詩も田もつくるな」は危険な状態ではないだろうか。日本の農政は結局、これまでここをめざしてしまっていたのかもしれない。大規模化がすべてであると。０か１００かだと。私たちが半農半Ｘという生き方を選ぶ理由はここにある。そんな意思決定をされてしまうことへのリスクを回避したいからだ。21世紀は表現の時代。食の危機の時代でもある。③の「詩も田もつくれ」が歩むべき道ではないか。

田は稲作のみをさすのではなく、野菜づくり、シイタケ栽培、味噌や漬け物など発酵食づくり、野花を食卓に生けるなど、広く農的なことをさす。詩はアイデアや知恵、創造性の発揮ととらえる。謙虚に大地に根ざしつつ持続可能に小さく暮らし、創造性や与えられた役割を周囲のために発揮する。これが今後、歩むべき道だろう。

山梨での講演でこのことを話すと、終了後のアンケートに「私の住んでいる山梨県笛吹市の旧八代《やつしろ》町《ちょう》には合併前の旧町時代、『田も作り詩も作ろう』という町民憲法があった」と書かれていて、驚いた。「田も作り詩も作ろう」の話は講演でも若い世代にも響く話だ。首長の哲学しだいではこのようなまちづくりもきっと可能だ。

散逸社会でなく収斂社会へ

いまの世を、私は「散逸社会」と呼ぶ。大量の情報に翻弄され、大事なものを失い、本質から遠ざかっていく社会。めざすのは「収斂社会」だ。私が思い描くのは、園児から高齢者まで、自分の研究テーマを生涯探究し、成果を独占せず世に還元する「1人1研究所社会」だ。

「成長戦略」という言葉がよく使われるようになった頃、講演で「半農半Xの観点から成長戦略をどう考えるか」と問われ、以来、この考え方の提唱も始めた。自治体や国家はそれを書籍購入費などで支援していくというものだ（ベーシックインカムの教育版）。

私は2000年から半農半X研究所代表を名乗っている。本書の編者・執筆者である宇根豊さんは農と自然の研究所を、藤山浩さんは持続可能な地域社会総合研究所を立ち上げている。

あなたならどんな研究所をつくるか。講演の際、こう問いかけるワークをおこなってきた、みな個性的な研究テーマをあげる。この1人1研究所社会というコンセプトも半農半Xのように、将来必ず、世界に輸出される概念となっていくだろう。

第2章

報告 持続可能で
農のある多様な暮らし方

手がけた苗がたくましく伸長（奈良市）

自ら育てた「たけし豚」を存分に味わえる店を夫婦で開く

■

宮城県川崎町

佐藤 剛・麻衣子

宮城県柴田郡川崎町で、「たけし豚」を育てる養豚家の佐藤剛《たけし》さん（35歳）は、料理人として仙台市のイタリアレストラン「アル・フィオーレ」（後に川崎町へ移転）で修業を続けながら、豚肉とその加工品の世界を探求していた。

「イタリアへ行って、養豚と加工を学ぼう」と考えていた矢先、東日本大震災が起きた。

剛が育てる「たけし豚」の料理と加工肉の店をオープン

養豚家＋料理人として

僕自身、あの震災が起きるまで、ずっと「イタリアへ行こう」と思っていました。現地で豚を飼いながらハムをつくっている農家で働こう。渡航費を稼ぐために、お金を貯めて準備していました。でも、突然震災が起きた。あれから10年。川崎町にある祖父の農場で放牧養豚を始め、「たけし豚」と名づけ、レストランを中心に販売してきました。

　そして3年前、「地域おこし協力隊」[1]として川崎町へやってきた麻衣子さんと結婚。2021年4月、地元の農協の川崎特産センターの一角に、二人で「farmer's table mano[2]（ファーマーズ・テーブル・マーノ）」を開きました。放牧で育てた「たけし豚」の料理を中心に、自家製のハムやベーコンも販売。養豚家＋料理人＝半農半Xな店です。

　一方、お花の好きな麻衣子さんは、接客を担当するかたわら、畑で採れる野菜の花や実を材料として、店内にディスプレイしたり、イベントを開いて販売もしています。

　僕自身、川崎町で生まれ育ちました。父は林業をやっていて、母方の祖父は酪農をベースにウサギやポニー、サル、鳥はクジャクをはじめ数十種いる、観光農園みたいなことをやっていました。そこに豚やイノシシ、イノブタもいて、お客さんと一緒に野菜の種まきやイモ掘り、収穫体験……食育や体験農園なんて言葉が生まれるずっと前、40～50年前からそんなことをやっていたので、子どもの頃は、畑を

ベーコンブロックを手にする佐藤剛さん

農場で寝そべる放牧豚

手伝ったり、身近にいろいろな動物がいるのが当たり前の中で暮らしていましたね。

僕は3人兄弟の末っ子なんですが、小学校3年生ぐらいのときに母が介護の仕事に就いて、夜勤や泊まりの仕事が多くなりました。

忙しくて食事の用意が間に合わないことも。当時兄と姉は中高生でしたが、なぜか末っ子の僕が「つくろう」と言って家の冷蔵庫にあるもので適当につくっていたので、そんなにおいしくなかったと思うんですが、みんな喜んでくれた。それが料理に目覚めたきっかけです。

イタリアの豚を見て「俺もやりたい！」

感謝しながら食べるということ

柴田農林高校の土木科へ進んだ高校生の頃から、なぜかイタリアの食文化に興味がありました。テレビ番組で、イタリアの農村で豚を1～2頭飼っていて、それを冬が来る前にみんなで捌いて加工する。そんなドキュメンタリーを見たのです。村の中に肉を切り分けるプロがいたり、塩漬けやハムの名人もいて、みんなでワイワイ盛り上がりながら、保存食をつくっている。

「すごいな。俺もこれをやりたい！」

日本人は暮らしの中で豚と一緒に生きてきた歴史が浅いので、どうやってハムやベーコンが生まれてきたかわからないまま食べていますが、この人たちは子豚の頃から大切に育てて、みんなで解体して、「ありがとう」って感謝しながら食べている。それは人間が生きるうえで本当に大切なことじゃないかな。そんな文化としての養豚や食肉加工をやっていきたい。そんな思いは、今も変わりません。

高校を卒業して、仙台の宮城調理師専門学校へ。そこで料理を学びながら、駅前のイタリア料理店でアルバイトを始めました。

当時の授業にイタリア料理の実習はなかったので

すが、自ら手打ちパスタをつくってみたり、専門学校の卒業コンクールもイタリア料理で出場して、「点数がつけられない」と先生を困らせたり。とにかくイタリア料理にどっぷりはまっていましたね。

頭抜けて先を行くシェフの下で

20歳ぐらいのときに、別の店で働こうと求人情報誌を眺めていたら、1か月ぐらいずーっと載っている店がある。「なんでこの店、人来ないのかな?」。なぜか気になるので、友だちを誘って食事に行って、愕然としました。自分が知ってるイタリア料理の範疇を超えて、頭抜けて先を行っている。それが目黒浩敬《ひろたか》さんがオーナーシェフを務める「AL FIORE(3)(アル・フィオーレ)」でした。

パスタは手打ち、パンも自家製で、魚は自分で釣ってくる……当時、仙台でそんなことをやってる店はなかったと思います。翌日お店に電話をかけて、即働くことになりました。僕が「川崎のうちのじいさんの農園の隅っこの畑が使えそうですよ」と話すと、即栽培を始めることに。農薬や化学肥料に頼らず、土や野菜に負荷をかけない自然栽培に近い農法です。店から畑までは車で30分くらい。それが「アル・フィオーレ」の野菜づくりの始まりでした。

自分で野菜を育てながら、生産者の方たちとつながるなかで出会ったのは、岩手県岩泉町の黒豚農家でした。黒豚というだけあって、一般的な三元豚ではなく、純粋なイギリスのバークシャーを育てている。仕入れてみたらものすごくおいしかったので、「これを1頭買って、ハムでもつくってみるか」。それが食肉加工の始まりでした。

ガラス張りの熟成庫をつくって、豚肉の熟成や生ハムづくりも始めました。06年頃の話ですから、後に熟成肉がはやり出すずっと前。目黒さんはそこに目をつけるのも早かったと思います。

当時から料理人がいろんなメディアに出てもてはやされるようになって、日本にもミシュランの星付きレストランも出始めていました。一見華やかで憧れの世界に映るけれど、僕たちがめざすのはそこじゃない。本当に自分がやりたいことは何だろう？ 突き詰めて考えていくと、やっぱりあのイタリアの農村のように、飼育や加工、調理、文化もすべてひっくるめて「豚をやりたい」と思いました。

自分がめざす豚を自分で育てよう

一貫した養豚経営を学ぶ

そこで周りの「ブランド豚」と呼ばれる豚を、片っ端から調べて食べてみました。みんな地名や餌の名前を冠して特別な豚だとうたっているけれど、ほんの数パーセント餌の配合が違うだけ。僕にはみんな同じ豚に思えたのです。自分がめざす豚はこの中にはいない。だったら自分で育てよう。

そこでおつきあいのあった黒豚農家へ1年間研修に行きました。真冬の豚舎は寒い、寒い。豚舎の外にあるプレハブで寝ていましたが、暖房をつけてもまだマイナス……そんな極寒の朝、ドアを開けようとすると結露で凍って開かない。そこで、足でバンバン蹴って開けて、豚舎へ向かって出て行く。そんな毎日。そこで繁殖から肥育まで、一貫した養豚経営を学びました。

震災をきっかけに肥育豚に打ち込む

東日本大震災が起きた直後、僕は群馬の工場で働きながら、イタリア行きの資金を貯めていました。

一方、目黒さんは沿岸部へ何度も単独で炊き出しに出かけていました。炊き出しにはそれなりの資金が必要で、募金やスポンサーを募ったりする人も多かったのですが、目黒さんはガンガン生ハムをつくって販売し、資金をつくって向かっていました。

被災地で現場の生産者たちの姿を目の当たりにした目黒さんは、店を閉め「自分も農家になる」と宣言。僕と通い続けた川崎町に農地を求めてワイン用のブドウを育て始めました。

そして僕もまた、イタリアへは行かず、震災の翌年から川崎の祖父の畑で豚を飼い始めました。自然放牧の状態。同じ町で、お互い別々の道を歩き始めるのは自然な流れでした。

最初は3か月ぐらいの子豚を3頭、一貫経営の養豚農家さんから買ってきて、放牧場で育てます。品種はよくある三元豚。身体が大きくなる性質のあるヨークシャー×ランドレースを母豚に、肉質のよい雄のデュロックもしくはバークシャーを掛け合わせる。世界的にもメジャーな組み合わせです。

餌は、コメやサツマイモ、カボチャなどがメイン。農家で捨てられる野菜や残渣に配合飼料も与えています。とりたてて特別なものは与えていませんが、普通の豚と違うのは、その飼育期間。今、日本の養豚は、生後6か月まで育てたら、出荷するのが一般的です。母豚は一度に10匹前後子豚を年に2回産むので、20匹生まれる計算になります。

養豚家の仕事の中で、雄豚と雌豚を掛け合わせ、子豚を産ませる技術を「繁殖」、子豚に餌を与えて大きくする仕事を「肥育」といいますが、僕が今やっているのは、後半の肥育の部分。通常生後6か月で出荷するところ、僕はだいたい10か月以上かけて育ててから肉にしています。

三元豚を10か月以上かけて肥育

噛み応えがあり旨味が強い

それはやはり、イタリアの養豚とハムづくりに近づきたいから。現地ではだいたい豚が1歳になるまで育てて、それから畜産処理をして加工しています。だから一般的な豚よりもずっと大きい。通常は1頭100～120kgに育てて出荷するところ、うちでは２００～２４０kg。倍くらい大きく育てます。

その肉はどうかというと、繊維が太くて嚙み応えがある。そして旨味がとても強い。日本では、どうしても豚肉にやわらかさが求められていて、生産コストや回転率を考えても、半年ぐらいで出荷するのがちょうどいい。だけど僕にとってはどうしても、日本の豚はまだ小さな「子豚」に見えてしまうのです。めざすのはそこじゃない。できるだけ大きくじっくり育てて、嚙み応えと、食べ応えのある豚を育てたい。生きながら、肉が熟成されていく――そんなイメージで豚を育てていきたいのです。

最初はちゃんとした小屋もなかったので、野ざらしの自然放牧。だからといって野放し＝ほったらかしではありません。まだ小さいうちはカラスにねらわれたりするので、あえて小屋の中で育てます。体がしっかりしてきたら放牧地へ。豚は呼吸器が弱く、肺から弱ることが多いので、ちゃんと呼吸をしているかおなかの動きで確かめたり、おなかを壊して下痢していないか、お尻の周りをチェックしたりする。そんな毎日の観察も大事です。

特別な餌を与えているわけでもない。それでも自分がこだわって育てる豚だから、単純明快に「たけし豚」と名づけました。

プロの料理人を中心に一頭を無駄なく販売

ストレスフリーの放牧豚

その後、祖父の畑では手狭になり、同じ川崎町内で、もとは馬の放牧場だった場所へ移転しました。広さは５haあります。

豚舎で育つ豚は、１頭当たり１・５～２㎡の場所で暮らしていますが、僕は１頭１０００㎡は必要だなと。広いので糞尿にまみれることもない。泥浴びしたり、土を掘り返して虫を捕まえたりのびのび暮らし。豚舎で飼育される一般的な養豚とストレスフリーの放牧豚の違いは、豚の脂身に出る。うちの豚の脂身は、コクがあるけどキレもある。ラードを使って料理するとき、それを感じます。

放牧場はとても広いので、出荷するとき豚をトラックに乗せるのがもう大変。コンパネの板を持って隅に追い込んでいくのですが、一人でやっていると豚が大きいので、なかなか追い込めません。養豚から食肉加工、料理まで学びたい。そんな若者が来てくれれば助かるなあ、と思ったりしています。

なんとかトラックに乗せた「たけし豚」は、仙台市の卸《おろし》町にある仙台中央食肉卸売市場内の畜産処理場へ。そこで処理、解体し、部位ごとにカットされた状態で、骨やラードと一緒に戻ってきます。これを委託している肉屋さんに脱骨、カットしてもらい、生肉の状態で販売する。それが養豚家としての僕の最初の仕事でした。

プロの料理人向けの食材に

出荷先は、ほとんどがそれまでつながりのあったレストラン。プロの料理人向けの食材として、ずっと育てていました。宮城県や福島県、東京の店が中心です。

豚にはいろんな部位があって、それぞれ繊維の硬さや脂肪の量が違うので、料理人たちはその特徴を生かして使い分けることができます。

一般的にとんかつに適したロース、脂身の少ないヒレなどが高値で取り引きされていますが、僕のような小規模な養豚家は、丸ごと一頭無駄なく販売しなければ、生計が成り立ちません。

腹側のバラは脂肪と赤身が層になっていて、「三枚肉」と呼ばれる部分。生の状態では切り落としやミンチになることが多いのですが、豚バラのブロックを燻製してベーコンに加工することで、より味わいは深くなります。

モモは、後脚のよく動く部位なので筋肉質で赤身が多いのが特徴。塩漬けにして生ハムになるのはここで、焼豚やローストにも適しています。

カタは前脚の上腕部分。よく運動する部位なので、少し硬めで赤身が多いのですが、長時間煮込むと旨味が出ます。

部位の特徴を生かした知恵と技

料理人たちは豚肉の部位の特徴を生かして、料理にする知恵と技を持っている。注文の電話を受けるとき、どんな料理に使いたいのか聞けば、どんな肉を求めているかだいたいわかります。

やわらかさを求めがちな日本の豚肉の世界で、僕の育てる「たけし豚」は食べ応えと噛み応えがあるのが特徴で、いつも食べている豚肉よりも「硬い」と感じる人がいるかもしれません。けれど、料理人の方たちはその違いや、お客さんの好みを理解したうえで、時間をかけて育てたたけし豚をていねいに料理してくれます。場合によってはたけし豚の個体差も理解したうえで、最も適した料理に仕上げてくださるわけです。

なかでも福島市のイタリアン「ラ・セルヴァティカ」の安齊朋大シェフは、いつも「どこでも持ってきていいよ」といってくださるので、そのとき手元にある部位をお持ちすると、肉を見てから料理を考えて、すばらしい皿に仕上げてしまう。そんなかたちで継続してご注文いただけるのが、とてもありがたかったですね。

もともと塩漬けや燻製、煮込み料理や腸詰めなど、多彩なシャリュキュトリ（食肉加工品）があるのは、豚と一緒に暮らしてきた農村の人たちが、「一頭潰すからには、無駄にしたくない。なんとかして全部おいしく食べてやろう」という思いの現れなんだと思います。

ですから、どんな部位でもそこに適した料理法を見出して使いこなし、お客さんを唸らせる料理に変えてしまう。ありがたいことに「たけし豚」は、そんなかたちでプロの料理人を中心に広まっていきました。

ワイナリーの歓迎会で麻衣子さんと出会う

地域おこし協力隊に応募

あるとき、川崎町に移住した目黒さんに呼び出されました。

「移住してきた麻衣子ちゃんの歓迎会をするから、おいでよ」

目黒さんは、2015年にリストランテから「ファットリア（農園）・アル・フィオーレ」と名前を変えて、川崎町でワイン用のブドウを育てていました。そして18年、廃校になっていた支倉《はせくら》小学校の跡地にワイナリーを設立。体育館のステージや緞帳、校歌のプレートはそのまんま。そこにタンクを並べて、ワインを醸造しています。僕が麻衣子さんに初めて会ったのは、その歓迎会でした。

麻衣子さんは、宮城県白石市の出身ですが、川崎へ来る前は、東京で10年働いていました。経理事務、花屋さん、着物屋さん、スタイリストのアシスタント……いろんな仕事を経験するなかで、「自然の豊かな場所で暮らしたい」と思ったそうです。そんな矢先、東京で開かれていた宮城県の「移住フェア」に参加。そこでトークショーに出演していた目黒さんの話を聞いて、「こういう人がいる町っていいかもと思った」と話していました。それと同じ頃、川崎町で初の「地域おこし協力隊」の募集があったので、そこに応募して移住してきたのです。

自分で花を育てるために移住

協力隊の任期は3年。その間に町の仕事に従事しながら、定住の道を探ります。麻衣子さんの場合、川崎町の空き家バンクの運営に携わりながら、自立の道を探していました。さらに「副業ＯＫ」なのも協力隊のいいところ。目黒さんのワイナリーでイベントがあるときは、会場にお花を生けて飾ったりしていました。

もともとお花が好きな麻衣子さんは、都会のプランターでは飽き足らず、「自分で花を育てたい」と移住を決めたそうです。しかも花屋で売ってる花より野原や畑に咲いてる花が大好き。ダイコンやルッコラの花、カラシナの種のさやなんかも見出して、みごとに生けてしまう。そんなセンスの持ち主でもありました。

「種をまいて、まず芽が出て感動する。花芽がついて感動する。咲いてまた感動する。枯れてきた姿もまたステキ」

なんて素敵な人だろう。ワイナリーの歓迎会をきっかけに僕らは付き合うことになり、18年6月に結婚したのです。

名前は「mano（手）」手仕事いっぱいの空間に

夫婦で自活の道を探る

麻衣子さんの協力隊としての任期が終わるのは、20年3月。それまでに独立して、自活の道を見つけなければいけません。

「任期が終わったら、二人でお店をやろうか」

いつしかそんな話をするようになりました。

夫婦で店を開くなら「たけし豚」を使った僕の料理をいつでも味わえる店を。そこに麻衣子さんの生け花やアレンジメントも飾りたい。そして自分たちだけでなく、地元で活躍する職人や手仕事作家の作品も展示して、みんなに見てもらえる場所にしよう。店名はイタリア語で「手」を意味する「mano（マーノ）」と決めました。

川崎で生まれ育って養豚を始めた僕ですが、正直それまで「地域密着」という考え方ではありませんでした。というか、かなりとんがって変わった養豚をやっていたので、僕に対する地元の人たちの印象は、あまりよくなかった気がします。

ところが麻衣子さんは、他所からやってきて、協力隊として町で働くうちに、地元に溶け込んで若者からお年寄りまでいろんな方とお付き合いがあって、みんなにかわいがられている。定住や起業に関してもみんな協力的。もしかすると僕一人では店は出せなかったんじゃないかと思います。

店の候補にあがったのは、農協が所有している直売所。大きな三角屋根の建物でした。もともと休憩スペースとして使われていた場所で、ベンチと自販機が並んでいるだけのスペースだったのですが、隅に小さな炊事場がついていたのです。「そこを生かして、お店をやればいいのでは?」と、農協の担当者がすすめてくれました。

　こうしてなんとか場所が決まり、店内はいたってシンプルに。大企業のやっつけ仕事ではなく、思いのある職人さんにと、内装は地元の大工さん、建具屋さん、左官屋さんにお願いしました。

　カウンターの下に張ったブリキの板は、うちの祖

麻衣子さんとのツーショット

ヤマゴボウのアレンジメント

ブドウ畑とワイナリーを始めた目黒浩敬さん

父が牛舎に使っていたもので、その前は今釜房《かまふさ》ダムの底に沈んでいる小学校で使われていたそうです。黒く腐蝕していて、時間が生み出した美術品のよう。いつか別のかたちで使いたいと思っていました。

お店で使うテーブル、椅子、家具、器、カトラリーケースやコースターも職人さんの手づくり。子豚を飼って手塩にかけて育て、加工品をつくるのが手仕事なら、野や畑に咲く花を見出して生けるのも手仕事。だからこうした職人さんの手仕事がいっぱいの空間にしたかったのです。

出店にかかった費用は運転資金も含めて約1200万円。その一部に県や町の補助金が使えたのも、ありがたかったです。

食品残渣ゼロの循環型レストラン

お店は11時から15時30分。ランチ中心の営業で、ディナーは予約制。毎週水・木が定休日。メニューはその日によって変わりますが、日替わりのパスタと30分以上かけて焼き上げる「たけし豚のロースト」が定番料理。ランチには、自家製シャルキュトリ（ハムやパテなど）と地元の卵や野菜をたっぷり使った前菜の盛り合わせプレートがつきます。

たけし豚を使ったハムやベーコン、パテなどの加工品も販売。目黒さんのワイナリーで醸造している「ファットリア・アル・フィオーレ」のワインもお出ししています。

今、飼育している豚は20頭。お店で使うぶんがメインで、レストランへの販売も続けています。

料理と豚、両方やっていてよかったと改めて思うのは、生ごみがまったく出ないこと。お客様の食べ残しはほとんどありませんが、調理の過程で出る野菜の皮やくずなどをまとめて農場へ持っていくと、豚たちが全部きれいに食べてくれます。

豚がまだ小さいうちは、小屋の中で育てているので、そこで出る糞尿は、切り返して、野菜や花を育てている畑へ。成長して放牧場に放った豚のぶんはそのまま大地へ。生ごみゼロ。循環型のレストランができるのも、豚たちのおかげです。

自家製ハムや地元の野菜などの盛り合わせプレート（ランチの前菜）

難しい豚での就農。でも可能性はいっぱい

楽観できない畜産の未来だが

養豚家と料理人。なんとか半農半Xの道を踏み出した僕たちですが、日本の豚たちの未来は、あまり楽観できる状態ではありません。

今、全国的に広がっている豚熱（ＣＳＦ）の問題。豚やイノシシ特有の感染症で、強い感染力と高い致死率が特徴です。２０１８年９月、岐阜県の養豚場で見つかって以来、全国へ広がっていて、野生のイノシシにも被害が出ています。

野生獣を介して感染する可能性もあるので、一時期「放牧禁止」という話も出たりして、放牧で豚を飼うことは難しくなるのではと心配したこともありました。それでも、全頭ワクチン接種をして、以前と変わらず飼い続けています。狭い場所にたくさん集まると、感染拡大が進んでしまう。そんなところも新型コロナと一緒。深刻な感染症に苦しんでいるのは、人間だけではないのです。

日本の新規就農者は、野菜の露地栽培や施設園芸を始める人がほとんどで、畜産はごくわずか。なかでも「豚を始めた」という話を聞いたことがありません。日本の養豚はどんどん大規模化が進んでいます。巨大な豚舎に、母豚が300頭前後いて、年に2回ずつ子豚を産む。常に2000頭ぐらいいるのが当たり前の世界です。設備も餌代も膨大で、巨額の資金が必要なので、到底個人が独立して始められる事業ではなく、新規就農者には手の届かない世界になりつつあります。

豚熱の影響もあり、これから大手の養豚業者は、防疫面を警戒して、子豚を外に出さなくなっていくでしょう。かたや僕らのような小さな農家に子豚を分けてくださるのは、数十~数百頭を飼育している、中規模な養豚農家さんなのですが、いずれも経営は厳しく、後継者がいないところも多いのが現実です。

となるとこれから5年、10年先も、他の養豚家から子豚を買える保証はどこにもないのです。僕が憧れたイタリアの農村のように、村で数頭飼って、みんなで分かち合う。そんな光景を日本で実現させるのは、難しいのかもしれません。今は仕入れた子豚を育てる肥育専門ですが、近い将来、自分で繁殖もやらないといけないかな。

繁殖には、肥育とはまた別の繊細な技術が必要です。母豚が夜中に分娩することもあるので、それに付き添う覚悟もしなければ。今は忙しすぎてなかなかそこまで手が回らずにいますが、いつか自分の育てた母豚が分娩した子豚を一から育てる、本当の「地豚」としての「たけし豚」を育ててみたい。

食べ物を生み、育てる充実感

これから新規就農を志す人たちに伝えたいのは、やはり農業は大変です。これまで志半ばで辞めていく人を何度も見ました。だから本当に生半可でなく「覚悟をもってやってください」としか言いようがありません。

自分でうまくいったと思っても、いい値段で売れる保証はないし、どんなに心血を注いでも病気や自然災害で台なしになるリスクもある。実績のない新人が、栽培や飼育だけの専業農家でやっていくのは、厳しい世界だと思います。その一方で、人が生きることに直結している食べ物を生み、育てる日々は、他の仕事では得られぬ充実感もあります。

僕の場合、料理をやってきたことと、プロの料理人の方々とのつながりがあったことで、育てた豚を無駄なく加工したり、販売することができました。麻衣子さんとの出会いも大きかった。ある意味「保険」ではないですが、農業とは別の何か＝Xな部分があったから、養豚家として独立できたのだと思います。農がピンチなら、Xで稼いでやる！　それぐらいの気概は持っていたほうがいい。人と同じことをしてもなかなか成功しないと思うので、独自の路線を見つけることも大事。

それでも豚を育てる可能性はまだまだあると感じています。養豚だけでなく、料理だけでもない。子豚から大事にのびのび育てて、おいしい加工品や料理にして世に送り出す。特に食肉加工の世界は奥深く、商売としてもまだまだ可能性があると思うので、料理のできる若者たちに、ぜひめざしていただきたい。

今は、店の営業と豚たちの世話で手一杯ですが、いつかこの店で「たけし豚」を丸ごと一頭、みんなで分かち合う「謝肉祭」を開きたい。本来の豚と人との付き合い方を、肌で感じられる場所でありたいと願っています。

（聞き手・三好かやの）

〈注釈〉
（1）地域おこし協力隊
https://www.iju-join.jp/chiikiokoshi/
（2）farmer's table mano
https://www.facebook.com/farmerstablemano/
（3）ファットリア・アル・フィオーレ
https://www.fattoriaalfiore.com/

農業と山、机上の仕事の組み合わせは苦しくも楽しい

■

長野県池田町
矢口 拓

欲張りな「半農半X」として

なんでも屋のような半X!?

「どちらから来られたのですか?」と、すれ違う登山者が訪ねてくる。

北アルプスの稜線で、眼下に見える緑広がる田園を指差し、「あそこで百姓をしてから上がってきました」と、冗談交じりに答える。大抵は早朝に草刈りなどしてから登るのだから、まんざら嘘ではないが。すると、決まって相手は不思議そうな表情を見せ、そこから山談義と農業の話が始まる。私にとって夏の恒例だ。

肩書きを聞かれると悩む。認定農家で、登山ガイドで、山岳遭難救助隊で、ライターとカメラマンの依頼も受け、コンピューターを使ったＷｅｂやＤＴＰ（Desk Top Publishing）デザインの仕事もする。

さらに、友人や知人たちから相談される、ありとあらゆる依頼にも応える。「半農」と言うには少々規模が大きく、さらに欲張りな、なんでも屋のような「半X」だ。

そんな山と里を行き来する生活は想像以上に苦労が多いが、日々、充実感に満ちている。苦しくも楽しい、この生活スタイルに至ったのは、高い志や夢を追ったわけではなく、偶然の積み重ねだった気がする。

地元の小さな新聞社で記者を務めること18年。毎日、取材と締め切りに追われていた。妻と母と3人で暮らすなか、40歳で子どもに恵まれたと思ったら、直後に突然のリストラ。無防備なままに仕事を失った。そして離職した日、家族全員で久しぶりに旅をすることを決めた。行き先は北海道だった。

母の実家のある北海道は、第二の故郷でもある。自分の名前は北海道の「開拓」に由来する。北の大地の広い農地の真ん中を車で走り抜けると、悩んでいる自分が、ちっぽけな気がした。それは山にいるときのそれと似ていた。そのときだったろうか、これから先の仕事について、漠然とした小さな想いが芽生えた。

その後、幸いなことに再就職の誘いをいくつもいただいたが、人生も後半、悔いを残したくないという想いもあり、次の仕事を決めかねていた。それから半年ほど、大いに悩んだが、就職先が決まらないまま失業保険の受給が終わった。そして、しばらくして、北海道で芽生えた想いに従うことを決断した。

自宅は北アルプスを望む田園にある。小中学校への通学路は水田のそばにあり、登下校していると春は周辺の水面に美しい峰々が映り、秋には黄金色の稲穂が一面を覆い、冬は真っ白で凛々しい山々がそびえていた。子どもの頃から目に焼きつく、その景色はいつまでも変わらないと思っていた。しかし、現実は違い、近年は後継者不足や採算性の問題から、美しい山々の麓に広がる、水田を中心とする農地の荒廃が懸念されている。

新聞記者として取材してきたからこそ、地元で直面している農業に関する諸問題を実感していた。一方で、水田が持つ貯水や治山という多面的な機能も学んでいたことから、農業を持続させる大切さも痛感していた。しかし、農家を救う打開策などないものと思えてならなかった。それは、次の仕事で、農業という選択肢はないということだった。

就農と山の両立への小さな想い

明確な理由も確固たる自信もなく「就農」へと駒を進めることになる。今考えてもなぜ、困難な農業の道を選ぼうと思ったのか、自分でも疑問が残るところで、当時は周囲も意外な選択だと口を揃えていた。唯一、背中を後押しされたとすれば、北アルプスとその麓に田園が広がる風景がいつまでも、そこにあってほしいという想いだったろうか。

離職後に北海道へ旅したときに芽生えた、就農と山の両立という小さな想いは、現実となった。農家になることは、不安しかなかったが、何かを切り拓いてみたかった。「名は体を表す」とはよく言ったものだと、「拓」の名を揶揄されたが、それも褒め言葉に聞こえていた。

就農へ向けて、町役場に相談に訪れると、歓迎された。後継者不足が深刻ななか、就農するという奇特な人が現れたのだから、当然だろう。将来的に持続可能な経営面積や農業機械の導入方針などが試算され、その後、耕作する農地が順調に決まっていった。農業経営が具体化していったが、一方で机上で設計されていく営農計画に「夢」がないとも思えた。

スタートは3haの米づくり 気がつけば6haに

創意工夫と体力勝負の農作業

いよいよ、農林水産省の補助金「青年就農給付金」（現在の農業次世代人材投資資金）を受け、新規で農家となり、米づくりを始めることになった。幼い頃から実家の稲作は手伝っていたので、一年を通じての農作業の流れは少々知っていた。ただ、面積は家族で数十ａという小規模から、一人で数haという、急激に拡大するかたちとなり、右往左往をする日々が始まった。

プール育苗で苗がりっぱに育つ

耕作面積はまず、３haほどから始まった。大型の農業機械を所有していないなかで、すぐに設備投資ができるわけもなく、創意工夫と体力勝負の農作業からスタートするほかなかった。

離農農家からビニールハウスを譲り受けるも、２年目には強風で半壊。使える部材を運び、他の農家が手放すという部材もいただいて、さらに強風の吹かない場所を選んで、今も使用する育苗施設を完成させた。

施設はできたが、次は育苗も苦労した。就農から数年は、根張りが悪かったり、温度管理でミスをして病気を発生させたりと、失敗続きだった。一念発起で、ビニールハウス移設完了を機に、かつての水苗代にならった、プール育苗に切り替えることで、安定的かつ良質な苗をつくることができるようになった。

就農当初からの機械作業は、集落の農業関連組織が共同使用するために所有するトラクターを活用し、知人から譲り受けた小さな4条植えの機械で田植えをした。想像以上に時間と労力はかかったが、そこは山で培った体力と忍耐力でカバーすることとなった。

新聞記者時代から、農業を持続させる方法として地域営農組織に興味があり、就農前から自分の住む地域でも設立の話が持ち上がっていたため、母に代わり総務担当として携わっていたことから、徐々に、地元の営農組合との連携を深め、共同所有の大型の田植え機を活用し、作業効率を上げた。

少しずつではあるが資金力も高まり、コンバイン、トラクター、田植え機、管理機、その他機械を徐々に購入し、並行して、高齢化などを理由に離農する方たちの農地を引き受けるようになった。気がつけば就農5年目には耕作面積は、当初の倍となる6haを超えた。

集落営農組合の構成員として

さらに、集落営農組合は農業法人となり、構成員の一人として、農業機械のオペレーターなどを務め、収穫作業などは個人で受託し、地域ぐるみで農作業の効率化を進めるようになった。

ただ、農業法人も担い手不足は深刻で、離農農家の農地をすべては受け入れられない状況となった。自分が耕作する水田や畑のうち、3割ほどを農業法人で耕作し、他の集落や農業法人が受け入れられない農地は個人で借り受けた。経営的には規模拡大が必要だが、自分一人で担う農作業の量には限界があり、今も悩みは絶えない。

また、当初はわずかではあるが米の有機無農薬栽培にも挑戦していたものの、規模拡大に伴い、手間のかかる農作業に手が回らず、農地荒廃を防ぐためにつくり手のない水田を引き受けるために縮小せざるをえない状況となった。そして、有機肥料を使い、除草剤を限界まで減らす特別栽培米を一部取り入れるにとどまることになった。

経営の将来性は稲作だけでは見出せずにいる。作付けの多角化などは今後の課題で、模索中だ。そのため、畑では拡大路線の稲作とは反比例して、試験的に家庭菜園の延長で、様々な作物を有機無農薬で育てている。土を健全に耕して、無理なく少しでも自給する、という気持ちと、将来的には販売も視野に入れて取り組んでいる。

探している「夢」の部分

夏は、わずかながら野菜を背負い、お世話になっている山小屋に届ける機会が多い。採れたての野菜をほおばり喜ぶ小屋番の姿を見ては、これが農家の喜びなのかと、しみじみ思う。

それは、農家として探している「夢」の部分なのだろうか。ただ経営的に成り立つだけでは、自分も、この先を担う農家も、志をもって続けていくことが難しいのではないかと感じているから、経済的な要素とは別に、言葉は悪いかもしれないが「遊び」の部分がなければならないのではないかと感じる。

それが、無農薬栽培なのか、新たな品目の栽培なのか、加工販売なのか、今はまだ見えていないが、山やデザインの仕事とつながるような、楽しみが広がる取り組みを模索したいと思っている。その根幹は、収穫と消費者に喜んでもらえたとき、うれしく思うその気持ちなのだろう。

まだまだ、七転び八起きの繰り返し、といったところで、農業がなんたるかもわかってはいないが、「夢みる農家」になりたいと、険しくとも進む道をゆっくり歩み始めている。

救助がきっかけで信州登山案内人に

歩けない登山者とビバーク

水田から見上げる北アルプスは、新聞記者としては取材現場だった。それが、友人の勧めもあって、なんとなく仕事とは離れて、高校以来の登山を再開した。そして、会社の休日ごと、山に身を置いた。

高山で、限られた装備と自身の足だけで過ごすことに魅了された。そして、なぜか歩いていると、けがをした人、困って動けない人などに相次いで遭遇することが多かった。

ある日の夕方、登山口でうなだれている女性に会うと、同行者が途中で動けないでいると、困って相談してきた。登山者同士助け合うもの、と急ぎ現地に向かうと足が痛くて歩けない登山者がうずくまっていた。そして日が暮れてしまった。放っては置けず、その場にビバークさせ、翌朝、一緒に下山していると、地元で登山ガイドをしている知人に遭遇した。顚末を説明すると「ガイドになって、救助にも協力しないか」と意外な言葉が返ってきた。光栄だが、とてもガイドなどにはなれないと思い、「私など、一登山者がおこがましい」と遠慮した。

登山ガイドへの誘いが冗談だろうと思いながら半年余りがたっただろうか、突然に携帯電話から告げられた言葉が「願書と紹介状を用意した」だった。けが人と一緒に下山しているときに会った知人からの突然の連絡だった。1か月後の信州登山案内人試験への挑戦を促す、いや、すでに受けることが決まったという内容だった。

大町登山案内人組合に所属

長野県が実施する試験を受けた結果、合格。日本最古の登山ガイド組織である、長野県大町市にある大町登山案内人組合に所属することになった。

新聞社退職後には、お客様を案内して山に登り、併行して北アルプス北部遭難防止対策協会の救助隊員として幾度も遭難現場へ向かうようになった。救助は年間で数こそ少ないが、3000m級の山々で、人を背負い歩いたり、重い救助用具を担いで道なき道を上がったり、登山道もない斜面で行方不明者を探してみたり、想像をはるかに超える苦労があるが、なぜか苦痛でもなく、「山にいるものとしてお互い様」と思えた。

水田で農作業中に県警からの電話が鳴ったことがあった。仕事を中断し、トラクターからヘリコプターに乗り換えて、山小屋も開いていない季節の標高3000mの稜線へ向かった。

登山の道具に加え、自分たちの食料、さらに救助のための道具を背負って、残雪のなか、行方がわからなくなった登山者を探した。今も忘れられない、苦しい捜索だった。後日、下山してすぐにトラクターに乗ると、正面には少し前まで歩いていた北アルプスの稜線が見えた。不思議な気持ちで救助隊員から農家に戻ったことを思い出す。

夏の50日間は山小屋暮らし

その後、さらに山への恩返しになればと思い、夏季に稜線に滞在しながら遭難予防と救助活動に従事する長野県の北アルプス遭難防止常駐隊、通称「常駐隊」の隊員にもなった。夏の50日間、山小屋に暮らしながら、登山者の相談に乗り、登山道をパトロールし、長野県警からの要請があれば遭難現場へと駆けつけている。

常駐隊で担当するのは、烏帽子岳から槍ヶ岳まで続く「裏銀座」と烏帽子小屋と船窪岳を結ぶ野趣あふれる縦走路。担当する地域ごとに班が編成される北アルプス北部で、最長距離の班だが、そこは農作業で培った体力が活かされ、長い道のりも歩けている。

7月中旬から8月末までの常駐隊勤務と農家の両立と聞くと、不可能だという人もいるが、なんとか家族と乗り越えている。畦草刈りなどを終えて上山する頃は、中干しの季節。少し水田作業は手を離れる。水が必要な幼穂形成始期の頃までに下山して田を満水にする。あとは時々の上下山で管理。もちろん、毎日の水管理で家族の協力は欠かせない。里で稲の成長に、山で登山者の安全に、それぞれ気を配る、心身すり減る夏なのだが、ともにやりがいのある仕事で、できるかぎり続けたいと思う。

山の仕事は他にも多岐にわたり、登山道の整備や山小屋の準備、山に荷物を担ぎ上げる「歩荷《ぼっか》」、絶壁の浮き石の処理なども受けるようになり、さらに山と新聞記者の経験が買われ、雑誌や書籍での執筆や写真の撮影にまで内容の幅が広がった。ガイドとしてテレビ番組への出演の依頼もときどきいただくようになり、登山用品メーカーからのサポートも受け、気がつけば山が一つの職場になっていた。

　今も「一登山者」にすぎないが、山にいて、山のために少しでも必要とされるのは光栄だ。ただ、どれほど山にいても、わからないこと、新たに知ることばかり。それは農業とも似ている。

農業と山と机上の仕事がいつしかつながる

何足ものわらじを履くのが性に合う

「半Ｘ」はさらに拡大し、友人らに頼まれる程度だったＤＴＰデザインから派生したホームページや印刷物、各種商品の制作などは、山をはじめとする人とのつながりから仕事となった。ホームページを複数管理するようになり、店舗などで使用するフライヤーなどの印刷、看板のデザイン、山小屋の手ぬぐいの制作などを請けさせていただいている。また、自分でつくる、直売所に出す農産物のパッケージなどにも技術は生かせている。

　人のつながりは農業でも新たな動きを生み出し、山で出会って農業談義をした全国各地の登山者から米の注文が来るようになり、一部の山小屋では生産したお米を使ってくれるようにもなった。さらに、小屋で米を食べられたお客さんからの問い合わせもあった。

　いつしか、一見関係がないかと思える、農業と山と机上の仕事が、つながるようになった。

　いつの間にか、何足ものわらじを履くようになっていた。それも重いわらじだ。標高６００ｍ余の田畑と３０００ｍ級の稜線を行き来しての作業。その合間にパソコンにかじりつく。山ではテキストを打つために軽量のキーボードも携行し、時間を見ては執筆もする。ハイシーズンは確かに忙しく、苦しいときもある。しかし、それが性に合っているとは驚いた。

体力と忍耐力で乗り越える

就農したが資金力に乏しく、機械化が難しい状況は、体力と忍耐力で乗り越えるしかなかった。一方、山でも、長距離を歩き、人も荷物も担ぎ、高所で動き続けるのに、頼りは己の心身のみだった。いつしか山と里、相互にトレーニングとなっていた。

米づくりのなかでも、重労働とされる畔草刈りでは、山の技術が役立った。耕作地の3分の1を占め

漬け物用のノザワナが育つ畑からも山々を望む

山の仕事は様々。絶壁での作業もある

る中山間地域は、畦が大きな斜面で、高いところでは6mにも達する。自走式草刈機の登場で、少々労力は軽減されたが、最後は自らの足で畦にへばりついて草刈機を振らなければならない。

斜面に立つための農業用の商品も試したが、急な勾配に歯が立たず、最後は山用の靴と雪面を歩くために金属の歯を靴底につける仕組みの山道具「アイゼン」を使った。山と農業、関係がないかと思いきや、意外なところでつながった。山で使い慣れた道具だけに、容易に斜面へ張りついて草刈りははかどっている。

話を戻すが、農業では、春から田起こし、育苗、代掻き、田植え、水管理、草刈り、溝切り、稲刈りと続く水田作業に加え、畑作も少しずつ取り組むようになった一方で、農繁期の合間を縫うように、山でのガイドや道直し、各種調査、歩荷、山小屋の手伝い、遭難防止のパトロール、救助などに取り組んでいる。

夏には山から駆け下りて田の水管理などを済ませて、すぐに稜線へ駆け上がることもある。そこに取材や撮影、執筆も加わり、さらに隙間を埋めるようにデザインなどの仕事が入る。多忙だが、達成感は他に代え難い、と思えるようになった。

自ら「忙殺期」と呼んでいる春から秋が終わると、北アルプスが雪化粧する。少々だが、時間にゆとりが持てる季節となる。里での仕事をしつつ、薪割りを始める頃となる。

薪ストーブと薪割りで豊かに

数年前に薪ストーブを譲り受け、部材を買って自分で二重煙突をつくり、屋根を抜き、部屋に設置した。二酸化炭素の排出を減らして温暖化の防止の一助になろうなどという大そうな気持ちがあったわけではない。

結果としては、環境に優しい生活につながっているとは思うのだが。なにより自然な暖かさは、薪割りの苦労はあれど、他に代え難い。そして、その熱や副産物は、農業にもつながっている。

薪は、友人らと里山などで不要だという樹木を倒したり、処分に困っているという伐採木を引き受けたりして集め、少しずつ斧で割っては数年の間、乾かしてつくる。これが、想像以上に大変な仕事なのだが、これもまたトレーニングと自分に言い聞かせている。

ストーブに溜まる草木灰は、畑の肥料としては優秀だ。近くのキノコ工場から出る廃菌床をもとにつくる自作の堆肥や米ぬかと合わせて畑に入れている。土は格段に良くなった。以前は強い粘土質で、ひとたび雨が降ると固まってしまったが、有機質を定期的に入れたことで、以前のような硬さはなくなった。

稼働率の高いトラクターバケット

大きな労力が必要となる畑への施肥と薪づくりだが、継続が可能になった理由がある。それは、トラクターバケットの導入。徐々に購入してきた様々な農機具の中で、最も稼働率が高いと言える。薪運び、堆肥の攪拌、施肥、土の移動、整地、さらに除雪と、フル稼働している。

話が脱線してしまったが、薪ストーブはさらに活躍する。冬の終わりから春にかけては、室内の温かさを活かして、野菜などの苗づくりに取り組む。薪ストーブからつながる廊下は、さながら温室だ。

この温室廊下の温度を均一にするのは、自作の太陽光発電装置。山小屋などで不要になった太陽光パネルを譲り受け、仕事先で同じく不要となったという蓄電池をいただいて、そこに充電。これで送風機を稼働させている。ここでも自然の力を味方につけた。

薪ストーブの導入後、生活が豊かになった、と感じる。それは経済的なものではなく、生活の質というか、自然と寄り添っている実感のようなものだろうか。

森から薪をもらい、太陽の力も借り、ストーブに残った灰が土に戻り、農作物の成長へとつながる、自然な循環の仕組みは、生活の喜びとなった。

複数の仕事の組み合わせが認められる時代に

半農半Xはリスク回避にも

担い手の減る農業と好きな山とデザインを仕事にする、と聞けば総花的だが、今も暗中模索だ。山と里で1シーズンに歩く距離を合わせれば、ゆうに1000㎞を超える。もがきながらも、笑顔で動けているが、いつまで続けられるか、不安もつきまとう。それでも、続けられるだけ続け、年齢なりの仕事量で組み合わせを維持すればいいのではないか、と楽観する自分もいる。

少々、強引な力任せな仕事の組み合わせは、人に勧められるような内容ではないが、時代が変化したからこそ成り立っている気がする。

日本では、一つの仕事を突き詰めることが美徳とされてきたように思う。それはすばらしい職人を生み出してきた。今の自分の生活スタイルは、そんな流れに逆行しているのだろう。

「手を広げ過ぎだ」

「一つのことに集中したほうがいい」

周囲から、そんなアドバイスをいただく。至極もっともな意見だが、時代とともに生活スタイルは多様化しているのではないだろうか、とも思う。一つの仕事に集中することも、複数の仕事を組み合わせることも、ともに認められる世の中になりつつあるように感じる。実際に副業が可能な企業が増えたとの報道もあった。半分農業でなくても、「半X半X」を実践している人もいるだろう。

「半農半X」はリスク回避にもつながっている。新型コロナ感染拡大の影響で、大きな痛手を受けた職種がある。農業も作物によっては消費減退で影響があるとはいえ、それは大打撃を被っている飲食業などとは比べものにならない。自分の請けている他の仕事も同様で、複数を並列化することで、影響を分散させるかたちとなった。

また、複数の仕事がつながりを持つことで、相乗効果をもたらし、思わぬ動きを生むこともある。一つの仕事では生活が成り立たずとも、また、ただ複数の仕事を詰め込んで疲弊せずとも、仕事と人の連鎖というかたちが偶然にできあがったことで生活できていることは、本当にありがたい。

そして、なによりも複数の仕事を組み合わせられているのは、家族の支えが大きい。私が留守でも田の水の状況を見て、畑の管理もがんばってくれる。主要な農作業は下山して取り組むが、間をつなぐのは家族となる。半農半Xは一人だけで成り立たないことを実感している。

職業区分に当てはまらない働き方で

職業の選択は、憲法で保障された権利であり、組み合わせることもまた自由だ。職業を聞かれたときに、今はまだ未熟なことばかりという意味を込めて「プロの無職です」などと冗談で答えているが、いつかは、「職業は矢口拓」と言えるようになりたいと願っている。職業区分に当てはまらない、自分なりの働き方を実践していきたいということだ。

日本の屋根と称される北アルプスと、その裾野に広がる田園は、幼い頃から目の前に当然のようにある景色だった。山からの伏流水が水田を潤す、自然な組み合わせだと思っていた。そこで、自然に即して生活しながら、山も里も、その景色をそのまま見ていたいと思っている。今の私は、自分らしい日々の暮らしと田園風景、ともに守ることが、少しはできているだろうか。重いわらじを何足も履きながらの自問は続く。

ご縁をもとに
米づくりと森に関わる仕事を担う

■

滋賀県長浜市
橋本 勘

「孫ターン」のかたちで12年余りの田舎暮らし

別の軸の価値を求めて

滋賀県長浜市、琵琶湖のてっぺんの源流域の山門《やまかど》集落に暮らしてから12年になる。暮らしている家は築１３０年以上の古民家。父親の実家であり、以前は祖父母が暮らしていた。子どもの頃は毎年夏休みに帰っていた家であるが、まさかそこに自分が暮らすことになるとは思ってもいなかった。

とはいっても学生時代1年間だけこの家に住んでいたことがある。大阪出身の私が滋賀の大学に進学することになり、1年生のときだけ、祖父母と一緒にこの家で暮らしていたのだ。

大学は大津市にあり、琵琶湖の北の地から通うのは、大阪からの通学時間とそう変わらなかったが、田舎で暮らす自分の両親を心配する父親の「せめて息子が年老いた両親のそばにいてくれれば、いかばかりか安心」という意向があった。しかしながら片道2時間30分の通学、しかも雪が1m以上も積もる冬を経験してからは、さすがに難しいと断念し、2年目からは大津市のアパートに下宿することになった。

大学院に進学し都合10年という長めの学生生活を送り、大阪に戻ってきたのは30歳手前。民間企業に就職したが、そこも数年で退職することとなる。退職前に『奇跡のリンゴ』の本で知られる青森のリンゴ農家の木村秋則さんのお話を聞く機会があった。アスファルトとビルの中で過ごし一日土の地面を踏むことがない生活だった当時の私にとって、木村さんの話す農業の話は、自分が生きているのとは別の軸の価値を見た気がした。

当時の緊張感漂う殺伐とした労働環境も相まって、こんな人が認められるような世の中になればと思ったのを覚えている。その後、木村さんはテレビでも取り上げられ、映画化までされることになる。ほどなく退職することになった私が、模索を始めたのは農業の世界だった。やはり別の軸の価値を求めていたのだろう。

失業期間中に農業人フェアに参加し、短期の農業研修や体験に福井県や高知県に出かけた。時はリーマンショック前夜の2008年、研修先で不透明な世の中に若者が農業に活路を見出すといった内容で日本農業新聞からの取材を受けたのも覚えている。研修や体験を終え、受け入れ態勢やその後の保証も充実していた福井県の研修施設にお世話になろうと決めた帰りに、滋賀県にある農業と大工の私塾である「どっぽ村」を訪ねた。

ルーツのある場所でのスタート

対応してくださったのは、代表の松本茂夫さんだった。どっぽ村の研修生はすでに定員いっぱいで受け入れはされてなかったが、父親の実家が滋賀県にあることなどをお話しすると、いろいろな条件よりも自分のルーツがある場所で始めたほうがいいのではないかとアドバイスをいただいた。それ以降、確かにそうかもしれないと考え始めた。しかし、あの家に住むことはできても、どうやって暮らしていけばよいのか。

とりあえず当時の自治会長に連絡した。空き家になっていた父の実家に住みたいこと、なにか仕事はないかと相談したところ「住むのはあなたの家だから自由だが、仕事はコンビニのバイトぐらいしかないよ」という返事だった。再び松本さんに相談したところ、近くの農業法人を紹介してくださり、そこで研修生として農業の勉強をしながら働くこととなった。研修先も人手が足りないこともあり、未経験の私でも快く引き受けてくださった。

2009年2月に大阪から滋賀に移住をした。その頃にはすでに祖父は他界し、祖母が毎年避暑地代わりに帰ってきていたので、家財道具はすべてそろっており、軽トラと身一つでの引っ越しだった。家の近くには山門《やまかど》水源の森という県内最大の湿原を囲む森があり、そこの保全団体に入会し、休みの日にはボランティアの活動にも参加していた。

その最中、森で専属のスタッフの雇用の話があった。聞くと、国のふるさと雇用再生特別基金事業で琵琶湖森林レンジャーという名前の3年間の緊急雇用だという。森での仕事にも興味があったが、農業研修を始めたばかりなので、どうしようと思い、研修先や松本さんにも相談したところ、国の制度でもあるので、そちらのほうが次につながるだろうと背中を押してもらえた。

田んぼと森に関わる仕事を担う

2009年6月から森の専属スタッフとして働くことになり、それと並行して2010年からは山門集落の農業組合から声をかけていただき、田んぼをつくることにもなった。米づくりについては農業研修で数か月しか体験していなかったが、地域の人から教えてもらい、また協業組合に加入し、トラクターやコンバインなどの機械の共同利用をすることにより始めることができた。現在では3枚6反で米

稲刈りシーズン到来

づくりをしている。

仕事のほうは3年間の緊急雇用が終わり、いよいよ行き場がなくなってしまったところ、長浜市の緊急雇用で森林レンジャーを設置するとの話があり、お世話になることになった。それも5年の緊急雇用期間を経て、２０１７年からは滋賀県と長浜市などが構成団体として立ち上げた、ながはま森林マッチングセンターという森と人とをつなげる任意団体で森林環境保全員として働き、そこで森をテーマにコミュニティづくりやコモン（共有財産）の再生などを手がけている。

いろいろ紆余曲折はあったが、結果としてUターンならぬ、孫ターンというかたちで田舎暮らしを12年続けている。もともと都会育ちで田舎や自然はどちらかといえば苦手で、夏休みに帰ってきても家でテレビばかり見ていて、外で魚釣りなどをしていたのは弟のほうだった。その私がこうして自然に関する仕事をしながら、米づくりもおこなっている不思議さを感じる。

森と田んぼと水から考える自分自身

森に降った雨は琵琶湖から太平洋に

森での仕事では小学生や中学生に対して山門水源の森で自然環境学習のサポートをすることもある。山門水源の森にはその中心に山門湿原という滋賀県でも最大の高層湿原があり、森に降った雨は湿原にプールされ、そこから沢を下り下流の大浦川につながる。それが琵琶湖へと流れ、淀川を経由して太平洋に流れている。

琵琶湖の水の流れを研究している大学時代の恩師を森に案内したことがあったが、沢の水が、京都、大阪の水道水になるまでどれぐらいの時間がかかるのかと尋ねたところ、琵琶湖の水循環のシミュレーションにもよるが平均して約20年という返事だった。つまり20年の時を経て森と下流の都市住民がつながっている。

大浦川には10月になると琵琶湖の固有種であるビワマスが遡上してくるが、まるで魚の遡上のように、子どもの頃に大阪で飲んだ水の水源を求めて私はこの琵琶湖の源流域へとたどり着いたのかもしれない。私がいま稲作をしている田んぼの水もこの流れの途中に位置する。

そこで育つ米は私の体内に取り込まれる。物質的には田んぼが将来の自分ともいえるし、田んぼの形成する水は私が保全で関わっている森からのものである。森を守ることは自分を守ることではないかと、いつからか子どもたちに話すことが多くなった。この時間感覚と距離感覚を想像力で補うことは大切なことだと感じる。

最近では慶應義塾大学の岸由二が「流域思考」を唱えているが、地球上の場所は砂漠や北極南極などを除けばどこかの川の流域に位置する。流域とは降った雨が川に降り注ぐエリアのことをさし、尾根と尾根に囲まれた場所ともいえる。

私の暮らす場所は琵琶湖淀川流域でもあり、さらに細分化すれば大浦川流域に位置する。自分がどの流域に暮らしているのかを知ることは近年の気候変動による災害の激甚化を考えても重要なことである。今いる場所はどこにつながっているのか、これからどうなっていくのか、そのことに想像力を働かせるためには、観察が大切である。

流域治水という言葉もあるが、これは砂防ダムなどの人工的な力で抑えていくだけでは莫大なコストがかかるだけでなく、その能力を超える災害が襲ってきたときに対応するすべがないことから、流域全体での治水を考えようというものである。そのとき

春先の山門湿原

中学生による自然環境の保全作業

ブナの森に木洩れ日がさす

に大切になるのが田んぼと言われている。いわゆる田んぼダムとも言われるが、保水地としての田んぼや休耕田の存在である。

流域全体の治水を支える田んぼ

つながり合う循環的、円環的世界

2019年、稲刈り後の大雨の影響で大量の土砂が私の田んぼに流れ込むことがあった。なすすべもなく、ほとぼりが冷めてから土砂の除去をおこなったが、田んぼがあったから居住地への被害を抑えることができたのかもしれない。起こったことのその原因を追究することに比べて、起こらなかったことの原因を追究するのはきわめて難しい。なぜなら起こらなかったことは問題にならないからである。田んぼがどれほど防災の役に立っているのかを精緻に評価するのは難しいのかもしれない。

たとえば田んぼへの水をためる際に畦畔からの水漏れを防ぐが、これは米づくりのためにおこなっているのであって、必ずしも防災のためではない。しかし結果として水をコントロールし、治水効果があって防災にもつながる。このことをどう評価できるだろうか（かつて三菱総合研究所などが水田のダム機能を評価している）。世の中は「○○するつもりじゃなかった」ということで成り立っている面があるかもしれないと最近感じる。

私とてもとはと言えば、米をつくるつもりじゃなかった。AだからBではなくAはCにもDにもつながっている。しかも、それは思いとは関係なくつながっている。直線的な因果的発想よりも、循環的、円環的な様態で世界は動いているのではないかと思うこともある。

次は時間にも目を移したい。先ほど田んぼを見て将来の自分と思うかという話を述べたが、食べたお米がどれだけ自分になるのか、もっというと自分とはどこまでが自分であるのか、そのことを考えるヒントとなるのが「動的平衡」という考え方である。

食料を摂取し代謝を繰り返しつつある人間は3か月も経てば物質的には別物になるという。動的平衡とは物質的な同一性ではなく、生命の本質を流れというものに帰着させようという考え方である。

その流れの視点から見るとお米や森は先取りした未来の自分であるし、爪や剝け落ちた皮膚、剃った体毛、排泄物は通り過ぎて行った過去の自分であるとも言える。

しかし、未来と現在と過去の境界はナイフで切ったようにシャープではない。グラデーション変化する「あわい」のようなものだと言える。つまり、自分が未来にも過去にもあふれ出している。あふれ出して溶け合っている。それは自己だけに限ったものではない。

混じり合う世界と許し合う世界

混じり合いながら暮らす

他者と会話を交わす瞬間に他者との唾液が混じり合い、見えないだけで私たちはすでに飛沫レベルや分子レベルではすっかり混じり合った存在である。コロナ禍においてこの交わりを絶つことを意識せざるをえなくなったが、見えているか見えていないかの違いがあっても、そもそも私たちは混じりながら暮らしているのである。いくらマスクをしてもその交わりを絶つことはできない。

アナ・チン著『マツタケ―不確定な時代を生きる術』（みすず書房）という本がある。マツタケはアカマツの根に着生した外生菌根菌がその正体であるが、アカマツという存在なしには成立しない。しかもアカマツは養分のないところを好む樹木である。

これらはパイオニア樹種と呼ばれ、アカマツは裸地に最初に生えてくる樹種の一つである。土がやせているところを好むので、尾根の落葉がたまりにくいところに生える。そのような環境で生きていられるのはこの菌根菌が岩石中の養分を溶かして根からアカマツに供給しているからである。

根には菌が複雑に付着しており、ここからがアカマツでここからは菌と分けることは困難であり、この混然一体と混ざった状態がアカマツとマツタケを成立させているといえる。アナ・チンという人類学者はこの本の中で、まさにこの混然としたありようを表現するかのごとく、マツタケを取り巻く人々を描いている。人同士もアカマツとマツタケの関係と同じように切り離すことのできない複雑な存在である。

プランテーションの閉ざされた世界

マツタケがいまだに人工栽培ができないのも、この複雑さが再現できないためである。マツタケ的なものと対照的に描かれているのが、プランテーションである。森林を開発し、エリアを区切って特定の作物を栽培し、しかもそこで働く労働者を異国から連れてくることにより、労働者と地域とのつながりすらも絶つ。混じり合うマツタケの世界とは違い、プランテーションは閉ざされた世界である。このような世界は拡大再生産ができることにおいて、資本主義経済と相性がよい。プランテーションによる農業は経済成長に寄与したかもしれないが、森林伐採などの乱開発などによって地球環境を破壊した点は疑いようがない。

一方で森の世界はまさにこのマツタケ的世界であるともいえる。Wood Wide Web という言葉がある。提唱したのは生態学者のスザンヌ・シマード。

紅葉と黄葉が混じり合い、林床の生態系は豊か（山門水源の森）

地面の下では木が根っこと菌根菌により広大なネットワークを形成し、物質を送り合っていることを突き止めた。インターネットの通信網を表すWorld Wide WebになぞらえてWood Wide Webと呼んでいる。樹木たちは競争をしていると同時に助け合ってもいる。さらにいえば許し合っているともいえる。

許し合い、調和を保つ

森の案内をしていると違う樹種同士が絡まり、イワガラミなどのツタが高木を伝って登っている様子が見られる。他者を押しのけて我先に生きようとしているともいえるが、逆にもたれられたり登られたりするのを見つめると、許しているともいえるのではないだろうかと思えてくる。Wood Wide Webでは、樹木の根同士が菌根菌を媒介しネットワークを形成していることを紹介した。これこそ互いにコミュニケーションを取りながら、全体としての調和を保とうとする許し合う世界として感じられないだろうか。

　相手と波長を合わせること、すなわち耳を澄ますことを聴くというが、実は聴という漢字には「聴す」と書いて「ゆるす」という読みが存在する。まさに聴し合う世界としての森が想像される。

　それに大きな役割を担う菌とは、すなわちキノコのことである。キノコは漢字では「茸」とも書く。言葉遊びだが、草冠に耳である茸が広大なコミュニケーションのネットワークにおいて波長を合わせるのに大きな役割を担っているのは興味深い。

生態系のピラミッドと地面に近い存在の人間

ピラミッドを外から眺める視点

　この網目状の構造の中に生きているのは人間とて例外ではない。さきほど混じり合う存在としての私について書いたが、学校で習う自然観はそうでなかったのを覚えている。その代表例が生態ピラミッドと呼ばれるものである。

　分解者、生産者、一次消費者、二次消費者と上がるについて、個体数や生物量、生産力は減少する様をピラミッド状に表現したもので、食物連鎖の流れを表している。

　たとえば最底辺にはバクテリアや微生物などの分解者、その上に生産者としての植物、さらにその上に草食動物、一番上には大型の肉食動物といった具合である。どこかが増えれば、その捕食者が増え、食べられるものが減ることにより、数が抑えられピラミッドのバランスは維持されるという仕組みに子どもながら、なるほどと驚いたものだ。

　しかし、このピラミッドには人間が存在しない。では人間はどこにいるのか。それはピラミッドを外から眺める神の視点として存在するのではないかというのが私の考えである。人間の歴史とはある意味、全体を見渡せるという欲望を想起し、それを実現してきた歴史である。

このピラミッドという発想も全体から見渡すという思想が表れている。しかし、果たして見渡せる全体のようなものはあるのか。一方で人間の歴史はあまねく、すべては局所的でしかありえないことを思い知らされた歴史でもある。

生態系の網目の一部として

人間を意味するHumanの語源はHumus（土）であるとも言われる。それはより地面に近い存在である。全体を見渡せるようなものではなく地面を這いつくばる存在としての人間である。屈辱の意味であるHumiliationもHumusと関係があり、高いところから土のある地面に、つまり下に引きずり降ろされるというのが語義である。

歴史的なHumiliationの例としては、地動説や無意識の発見がある。地球は動かず、それ以外の天体が地球を中心に回っていると考えられていた地球中心主義が、人はすべて意識のもとに行動していると考えられていた意識中心主義がHumiliationにより、そんな中心はなかったのだと下に引きずり降ろされた。ならば今回のコロナ禍や気候変動も次なる人間中心主義への新たなHumiliationとしてとらえられるのではないだろうか。神の視点はどこにもない、生態系の網目の一部としてどう振る舞っていくのかが問われている。

丹田草刈りによる身体操作

草刈りを軽減するために

米づくりをするうえで、最も時間をかける作業が畦畔の草刈りである。年間4～5回おこなうことになる。刈払い機でおこなうのだが、これがなかなかめんどうくさい。刈ってしばらくたつとすぐにまた生えてきている。

自然観察は「だるまさんが転んだ」のようなものであると感じているが、それは見ているときは止まっているように見えるが、次に見たときには大きく変化していることを実感するからだ。田んぼの草の生長は歩みの速い「だるまさんが転んだ」だ。

特にイネ科の生長が速い。草刈り作業の大変さと、刈払い機の騒音を立てながら、地際ぎりぎりまで刈り込んでいくという行為の暴力性について悶々としていたところ、雑草研究者の稲垣栄洋《ひでひろ》さんとお話しする機会があった。

稲垣さんは、田んぼの草刈りを軽減する方法として高刈りを提唱しておられる。高い位置で刈ることでイネ科以外の背の低い雑草を残し、生長点の低いイネ科の成長を抑制することで、草刈りの頻度も減らすことができるというものである。

稲垣さんによればイネ科以外の背の低い雑草が残っている場所であれば、1年もせずとも効果は出てくるということだった。これを聞いてさっそく試し始めた。まだ成果はわからないが、地際を刈らずに済むので、時間も早いし、刈った後に緑が残っている畦畔は見た目にも心が安らぐ。

丹田強化体操とは

さらに、草刈りという行為をいかに疲れずにおこなうかという身体操作の面からも探究を始めた。このきっかけは丹田《たんでん》強化体操というものを教えてもらったからである。デスクワークで疲れた体に悩んでいた友人が、この体操を知って丹田を意識するようになってから、かなり楽になったという話を聞いた。

丹田とは臍下丹田とも言われ、へその下指3本分ぐらいのあたりをさす。友人が教えてくれた体操を仰向けになり膝を曲げた状態で足を水平に上げ、足首をやや内股にする。手は空に軽く伸ばした状態を保つと、自然と丹田を意識するというものだった。慣れないと数秒しか耐えられないということだが、繰り返すとずっと続けていられる。友人は丹田が意識できるようになってから体幹のバランスがとれるようになって、車酔いもしなくなったという話であった。

そこから草刈りのときにこれが応用できないかと考えている。試しているのは刃先を丹田の延長としてとらえられる方法である。

刃を腕で振り回すと疲れるが、丹田を意識し丹田から動かすことによって、その延長にある刃を操作する。手はハンドルに添えているだけで仕事をしない。そうすると無理な力を使わないので、確かに楽に長くできるように感じている。丹田草刈りを通じて、むしろ草刈りをすることで体が整うということができるのではないかと考えている。

ご縁をもとに網目で生きる

思えば田舎に住むつもりもなく、米をつくるつもりもなかった。直線的で因果的発想よりも循環的、円環的と先に述べたが、それはご縁というほかない。その中でどういうことができるのか、何が楽しいのか、森に関わる仕事をしながら米をつくることで見えてきたもの、草刈りをしながら身体操作に興味がわいてきたのも、それぞれ因果的というよりも縁起的といったほうがしっくりくる。

半農半Xという発想で考えると、私は半農半団体職員ということになろうが、それだけでは表しきれないものがある。その半は間仕切りのようなしっかりしたものではなく、すでに溶け合って混じり合っている。それぞれは連環し決して分けることなどできない。しかも全体を見渡せる場は存在しない。

空海は「即身成仏義」において「重々帝網《たいもう》なるを即身と名づく」と述べた。帝網とはインドラの網とも言われる、帝釈天の宮殿を飾った網のことである。網の結び目は宝石になっており、その宝石が互いを照らし合わせて、鏡明している。網には決して中心はなく、全体を見渡すことはできない。生態系がピラミッドではなく網目状のネットワークをつくるように、私たちも網目の中で生きていると感じる。

半農半コミュニティナースに
～農×健康への取り組み～

■

奈良市
福島 明子

コミュニティナースとは

健康的なまちづくりのために

私は２０２１年３月から半農半コミュニティナース（コミナスと略すこともある）として名乗り、活動を始めたばかりだ。半農半Xをご存じない方には百姓コミナスとして名乗り「土にまみれて米や野菜づくりに挑戦しながら、健康づくりを伝えたい」と話している。

初めて耳にする方も多いと思うが、コミュニティナースとは職業や資格ではなく「コミュニティナーシング」という看護実践からヒントを得たもので、地域の中の身近な存在として「毎日のうれしいや楽しい」「心と身体の健康と安心」を地域の人と一緒につくっている。

島根県で２０１６年から始まり、コミナス養成講座の修了生を中心に今や全国で数百人が実践している。細かい定義やルールはなく、100人100通りのスタイルで本人たちが楽しみながら活動するのが特徴的だ。最近は医療の専門職だけでなく、コンセプトに賛同する様々な専門家や地域の人がともに実践の幅を広げている。このような自発的なスタイルでの地域と健康づくりのコラボレーションはこれからの社会にますます必要となるに違いない。

コミナス養成講座を経てこれが自分のしたいこと、Xだと確信した。当時すでに漠然と野菜を育てながら過ごしたいと思っていたので、農とコミナスの両立はすんなりと受け入れられた。人との出会いを重ね、最終的に「ワクワク」を大事にした半農半Xの生き方を選んだ。今は奈良健康ランドという温泉施設で健康相談と自分で育てた野菜販売のコラボをしている。

農との出会い

農とはほとんど縁もなく都市部でずっと暮らしていたが、結婚して家族の食事をつくるうちに採れたての野菜のおいしさに気づいた。それからは新鮮な野菜をよく買い、いつか自分で育てたいと思うようになった。自宅近くに農機具小屋を改装した雑貨屋があり、店先で店主とは違う人が色艶のよい野菜を並べていた。体調を崩して家で過ごしているときに買った野菜は、今までに食べたことがないほどおいしく心に残る味だった。

そのことを野菜を売っているお店の人に伝えると思いもかけず、営んでいる貸し農園を案内してくれた。農園は山の麓にあり、草原のような一面の緑色が印象的だった。一般的な畑をイメージする土を盛った茶色の畝は見当たらず、緑色の畝がたくさん並び、すくすく野菜が育っていた。季節は桜が咲き始める頃、やわらかい緑色のヨモギやカラスノエンドウ、レンゲソウなどの草が風に揺れていた。

のどかな景色を見ていると農園の草や土にじかに触れたくなり、畝の草をかき分け両手で触れ、素足で歩いた。足裏にはやわらかい草とほんのり冷たい土の混じった感触があり、歩いたり座ったり、寝っ転がったりした。
子どものとき以来の足裏の感触に、昔の記憶が蘇って一人ではしゃいだ。あらゆる五感が刺激されて、こんなに満たされた気持ちになったのはいつ以来だったか。自然にじかに触れて、体調も良くなったような気がした。もっと元気になるために野菜を育てて、満たされた時間を過ごしたいと思ったのが農との最初の出会いだった。

野菜を育ててみると

こうして貸し農園に通い、野菜をつくり始めた。農園に集まる様々な年代の人は皆気さくで、畑友達ができた。そこで過ごすうちに体調は良くなり、ますます畑のある生活が楽しくなった。農園に通うだけでは飽き足らず、自宅のベランダでも野菜を育て始めた。窓を開けたらすぐ野菜の手入れができるので、少しずつ成長する姿を見るのは毎日の楽しみだった。

たとえば、ミニトマトの種を同時にまいても芽が出るタイミングはそれぞれ違うことも育ててみて知った。芽が出るには時間がかかったが、成長は早く一番先に赤い実をつけたトマト、一番早く芽が出たが病気になって瞬く間に枯れたトマト、どのトマトよりもゆっくり成長し太く丈夫な枝となってたわわに実をつけたトマト……それぞれ個性のあるトマトの姿に、たくさんの人生模様を映し出す映画を見ているようだった。

米づくりへの憧れと挑戦

ある畑友達に誘われて、手作業での田植えを体験してから、素足で田んぼに入った感覚が忘れられず、米づくりに興味を持つようになった。自分でつくるとどんな味がするのだろうかと憧れたが、米づくりは農家しかできない仕事で、初心者では気軽につくることができないと思っていた。

そんなとき「農薬や肥料を使わずに、米づくりを教えてもらえて、田んぼも貸してくれる場所があるらしい」と畑友達に教えてもらった。そこに行けば自分で米づくりができるかもしれないと思い、すぐに行ってみることにした。

赤目自然農塾へ

そこは三重と奈良の県境にある「赤目自然農塾」で、川口由一さんが提唱する自然農を学べる場だった。自然農とは「耕さず、肥料・農薬を用いず、草々・虫たちを敵にしない」を軸に最も単純で少ない労力で栽培でき、環境に一切問題を招かない永続可能な農である。

毎月第2日曜日とその前日の土曜日に川口さんから直接学びを受けたスタッフから、機械を使わず昔ながらの農具を使っての米づくりと野菜づくりを学ぶことができる。費用については、塾生から寄せられた赤目自然農塾基金によりまかなわれており、参

稲刈り期の赤目自然農塾

穂を垂れるもち米。畔にはダイズ

加費は頂いていないということだ。

山間部に細かく区切られた棚田や段々畑、川を中心とした少し開けた場所に手作業でつくられた小屋とトイレ、整然と並んだ農具小屋があった。聞けば代々の塾生が、それぞれ手づくりした建物で、それぞれの自覚と自立自営の精神で、自然農塾の運営は成り立っているそうだ。

初めて訪れた見学者に対して、塾全体をスタッフの方がていねいに案内をしてくれた。その光景はまるで、昔の農村にタイムスリップしたような感覚だった。何段もある棚田に散らばって作業をする人々、その人たちの和気あいあいとした話し声や作業をする音が聞こえ、粛々と生活を営む人たちがいる景色に心が穏やかになった。

その場で入塾することに決めて、あらかじめ区分けされている24㎡の田んぼを借りた。月1回の実習日に米や野菜づくりを教わり、わからないことはスタッフから直接指導も受けられ、自分たちのペースで農作業をすることができたのがとても良かった。

自然農の米づくり

米づくりは野菜づくり以上に多くの学びを得た。鍬で平らに整えた土に一粒ずつ種籾をまいて、成長した苗を鎌で30㎝間隔に切り込みを入れ植える。水を巡らせ、稲を育て収穫。天日干し、足踏み脱穀、唐箕をかけ籾すりをしてようやく玄米を得る。

実際、目にした一粒の米から何百何千粒の実りをこの手で受け取ったとき、うまく説明できないが「生きている」と感じた。そんな思いが自分のなかに降ってきて、本当に不思議な感覚だった。

米づくりは教わりながら自分たちでもできることがわかったし、何より収穫した米のおいしさは匂いも味も食感も格別だった。満ち足りた思いは野菜をつくり始めたときより何倍も大きくなっていた。

看護師を辞めた後にXと出会う

看護師として奮闘するが……

学生時代から旅行が好きだった私は、いったん就職をしたものの、資格があればどこにいても働ける看護師をめざし、社会人入試で看護学校へ入学した。そこで人を観察し分析することを学び、看護の奥深さとおもしろさを自分なりに見つけるようになった。地元の総合病院で4年間働き、その後、地域に出て訪問看護師をした。一軒一軒を訪問し、本人をとりまく家族やご近所さん、サービスのあり方など病院とは違う人々のつながりや可能性を広げることにワクワクした。

日々のケアを通じて互いに信頼関係ができると、本人はもちろん家族のちょっとした相談事も受けるようになり、看護師の役割は幅広くいろいろな可能性があることを実感した。仕事が忙しくだんだん旅行とは縁遠くなっていたが、やりがいのある毎日だった。しかし限られた時間の中でこなす仕事量が増え、忙しさの中で自分を見失い、気づいたら心身ともに疲れきっていて、やむなく退職した。

その後、貸し農園で野菜づくりを始め、畑友達から紹介されたカフェで働き始めた。あるとき、カフェのドアの外でおばあさんが何分も立ち尽くしている姿が気になり、彼女に声をかけた。

「タクシーに乗るためにここで待っているのに、いくら待っても来ない」

不安げな表情で返事があった。落ち着かない様子でつじつまの合わない言動を繰り返す姿は以前の職場で何人も見かけたことがあり、話を続けながら交番へ誘導した。ちょうど彼女を探している人と遭遇し、無事に引き渡すことができた。この経験から、自分の今までの経験をもとに社会の役に立てることはできないかと思うようになった。

X（コミュニティナース）との出会い

「あなたの持っているものを組み合わせると、コミュニティナースという働き方がおすすめですね」

２０１８年、漠然と田舎への移住を考えて相談会に参加したときに、ゲストスピーカーで参加されていた塩見直紀さんにコミナスをすすめられ、それ以来意識するようになった。

　冒頭でも紹介したが、コミナスは地域の身近な存在として「毎日のうれしいや楽しい」「心と身体の健康と安心」を地域の人と一緒にめざしている。そして病院や保健所などの専門分野の垣根を越えて、幅広く地域の人々をつなぎ互いに安心できる関係づくりをしている。健康なときから関わることで、病気の予防や早期発見のきっかけをつくり、近所づきあいが薄れた地域のキーパーソンとして自発的なまちづくりができると期待されている。

　2019年夏、奈良県庁が主催する「奥大和コミュニティナース養成講座第2期」に参加した。奈良県は2017年からコミナスを地域に配属し、県主催で養成講座も開催している。講座の最初にコミナスを提唱した矢田明子さんが「ようこそ！　コミュニティナースは社会実験です。自分のやりたい小さなことからチャレンジして、失敗をどんどんみんなで共有しよう」と晴れ晴れとした表情で話された。講座に参加するまで看護の現場から離れて自分はコミナスになれるのか不安だった。

　だが矢田さんの言葉で緊張がほぐれ、講座がすすむにつれてコミナスのコンセプトにどんどん惹きこまれた。地域を広く見渡し、横の連携で必要な人を必要なところにつなげるコミナスに自分が培ってきた知識と経験を生かしていきたいと思った。実際にコミナスがいる地域へ行くと、高齢の住民がマイペースに畑を手入れしながら、コミナスと一緒に考え過ごす姿が印象的だった。その姿を見て私は米や野菜をつくりながら、コミナスとして地域の中で暮らしたいという思いが強くなった。

　講座の最後に「田畑を活動の拠点とし、コミナスのみんなや地域の人が気軽に集える農園をつくりたい」と発表。「いいね！　応援する！」と講座の参加者に言ってもらえたことは、今でもよく覚えている。振り返ると発表の内容は「したい」という純粋な気持ちを投げて、みんなに受け止めてもらえたことが本当にうれしかった。それが私のX、コミナスの原点になった。

百姓
コミュニティナースです
初めまして！
福島 明子
「百姓コミュニティ ナース」を名乗って自己紹介をする

念願の移住

少しさかのぼり2019年春頃から家の中は収穫した種や手づくりした保存食で埋まり、だんだんと息苦しさを感じるようになった。畑をしながらゆったり暮らしたいと夫と話し、新たな住まいを探し始めた。すでに移住した人に相談し空き物件をまわったが、なかなかこれと思う住まいが見つからなかった。

そんなときに受けたコミナス養成講座の中で「畑付きの家を探しています。心当たりがあったら教えてください」とお願いすると「いい家あるで」とすぐに紹介していただいた。

その家は大家さんがしっかりと手入れされていたので、数年もの間空き家だったとは思えない日本家屋だった。驚いたのは家を探しているときに描いた理想の家とよく似ていたことである。庭も畑もあり、一目で気に入り半年後の2020年2月奈良市に引っ越した。

家のDIYと畑作業　移住してみると

新たな住まいは山手側に位置し、豊富な水と田畑が辺り一帯に広がっていた。窓を開けると近くを流れる川の音や鳥の声が聞こえ、ときには鹿の鳴き声まで聞こえる自然豊かな場所だった。引っ越し前に大家さんと挨拶回りに行かせていただいたおかげで「身元がわかる人に入ってもらえて、ほんまに安心した。やりたいことがあるんやて？　ようがんばりや」と近所の人に声をかけてもらえ、今も互いに安心して住むことができている。

また、神社や公民館の掃除、ため池や畔の一斉草刈りなど地域の行事に参加し顔を覚えてもらうと、町内会のルールなどわからないことを気軽に聞ける関係ができた。

家のDIYと畑作業をしながら移住して8か月の頃、近所の農家さんから3反（約3000㎡）の田畑を借りないかと声をかけていただいた。今まで手入れしてきた畑と比べ10倍の広さに最初は戸惑ったが、移住してから必ず米づくりをしたいと思っていたので、この田んぼで米を育てることに決め、田畑を借りた。こうして移住してから米づくりができる新たな田畑を借り、ここでやりたいことができる環境が整った。

知人のつてや本、インターネットでピンとくる物件や情報があれば、直接連絡をとるのが一番の近道である。実際の生活を見せてもらうと具体的なイメージがわきやすいので、その後の移住のプロセスはスムーズにすすむに違いない。移住した後も相談に乗ってくれることも多い。

また理想の住まいのイメージを膨らまし、紙に描いてみるなど具体的なかたちに残すと、それに近い住まいが見つかることもあるので実践してみてはどうだろうか。

半農半コミナスとしての取り組み

養成講座で活動計画

新たな田畑を借りるときと同じくして、以前受けた養成講座の応用編「奥大和コミュニティナース養成講座第3期ステップアップ講座」を受講し、その中でコミナスとして実現したい3年後の風景と活動計画を立てた。

　実際に空き家に住み始めて近所の人から「住んでくれて安心した」と言われ関係性も良好であることから、空き家に住む〝安心〟な移住者が長く住み続けるために自分ができることを計画にあげた。また、その際に活動を続ける収入源として、田畑でコツコツ育てた野菜を販売することを思いついた。

　売り上げの目標は1年目は6万円、月5000円で設定し、実践しながら修正をかけることにした。それらを講座の中で発表し、3年後に向けて具体的なイメージを描けたので、自然と半農半コミナスとして名乗る覚悟ができ、講座終了日の翌日から活動を始めた。ちなみにコミナスは資格ではないので自分で決めたら、今日からコミナスと名乗ることができるのである。

実際に始めてみたら

　3000㎡の田畑を借りてから夫と二人で米と野菜をどこまで育てられるか実践し、わかったことを記録している。夫は休日に作業し、私は週2～3回コミナス活動とアルバイトをしながら2つの田畑をかけ持ちしている。限られた作業時間の中で、理想には程遠い現実を見ながら土にまみれて作業をしている。

　借りた田畑には縁起の良い「福」と苗字をもじって「ふくふくファーム」と名づけ、生き物と野菜をモチーフとしたロゴマークをつくった。ここで自分たちの食べるぶんの米と野菜をつくり、たくさん収

ロゴマーク

穫できたときに顔見知りに声をかけて販売している。レンコンが収穫できる冬から春にかけて販売し、お客さんからレンコンを調理した写真を送っていただき「おいしかった」と喜ばれたことがとてもうれしかった。野菜を買ってくれた顔見知りとは、

移住してから借りた畑での農作業

以前より少し深い関係が結べたように思う。

たかが草刈り、されど草刈り

2021年は前年と比べ、10倍の広さの田畑で草刈りをおこない想像以上に大変だった。5月に入り軽くて持ちやすい電動の草刈機とエンジンタイプの草刈機の2台で刈り、なんとか草を抑えていたが、梅雨に入ると草の伸びるスピードが加速。6月の終わりには草の伸び方がピークとなった。

田畑が広くなればなるほど草の管理が大変になる。除草剤を使うことはないが、草が伸びっぱなしの場所ができると使いたくなる気持ちもわかる気がした。自分たちの田畑に比べて周りの田畑はいつもすっきり刈られ、周りの人の草刈りのスキルの高さに驚く。

一方で米や野菜が育つ必要な最低限の除草以外、畝の草は刈らない。草には土の乾燥を防ぐ、虫の集中を防ぐ、土を豊かにするなどの役割があり、できるだけ草を刈らず一生を全うさせると自然農塾で教

わる。草で覆われた田畑で作物を育てていると昆虫や鳥など毎日たくさんの生き物を見かけ、カマキリやオケラのユニークな動きに思わずクスッと笑うこともある。

米づくりをしてみたら

自然農塾で教わった米づくりを2021年、初めて自分たちの田畑で実践している。機械を使わず農具で溝掘りや田んぼを整地し、4月に苗をつくり、5月末から一本ずつ手植えをした。大人二人で7畝（約700㎡）を植えるのに約1か月かかった。

苗を植え始めて1～2週間は腰をかがめる動きを繰り返し、腰痛を悪化させて体力的にしんどい時期が続いた。また、ゴールが見えないなかで繰り返す作業に焦りを感じたりもした。

その様子をSNS（ソーシャル・ネットワーキング・サービス）に投稿すると米づくりの先輩方から経験に基づくアドバイスをいただき、以前に比べ田植えは効率よく気持ちを落ち着けて作業ができるようになった。素手で一本一本の苗をつかみ田んぼに植える動作を繰り返すと、だんだんと目の前の動作に集中し始め「しんどい」などの雑念が飛んでいった。

同じ動きを繰り返すことで不思議と心が落ち着き瞑想をしているような気になった。山の端に沈む夕日が見えたり、鳥のさえずりや葉が擦れてサーッと音が聞こえたり、五感を使い自然を体感する1か月であり、改めて田畑の作業は精神面によい影響があることを実感した。

農と健康をつなぐことの手ごたえとメリット

元気に過ごすための足がかり

半農半コミナスとして「自分の田畑を使って健康づくりをしたい」と話していると個人事業主やシェフやクリエイターなどとの出会いが増え、活動内容のアドバイスや新たな縁をつないでくださっている。その中でもコミナス養成講座が縁で「コミナスとして働いてほしい」と誘われ、奈良県天理市にある奈良健康ランドで2021年7月から週1回（祝日を除く）平日10時から15時に健康相談を開いている。

健康相談といっても堅苦しいものではなく、お風呂上がりの来館者に血圧測定を通して体や病気のことを雑談を交えながら話をしたり、聞いたりしている。健康不安を抱える人の多くが持病の経過や主観的な思いを他者に話す機会が少なく「20年ぶりにこんなに話した」と帰られる方もいた。また毎日のように通う常連の来館者が多いので、「あれからどうなりましたか？」と前に話された相談内容の経過をうかがっている。

血圧測定をきっかけに病院を受診された方は医師と話し、長年の外食生活をやめ、自炊を始めるから手順を教えてほしいと来られ、ご飯の炊き方をお伝えした。最近では畑で採れたて野菜を並べ、販売をきっかけにご夫婦の健康相談も増えている。

農とコミナスの共通点は、目の前の対象（α《アルファ》）の観察方法である。αは米、野菜や人に置き換えられるが、αの能力が発揮できる環境に整え、直接の援助は最小限に留める。最初の印象で感じたことを見立て通りか裏づけを取っていく。葉の色の濃淡や変色などは人の顔や皮膚の色、血圧などに置き換えられるか、周りはどの種類の草が生え、虫がどんな様子でいるか、などは人の生活習慣や住環境に置き換えられる。αの置かれた状況がわかり裏づけが取れれば、αの本来の力を最大限引き出し自立できるよう援助をする。援助は一人で実践できることが前提なので過度な援助はしない。αに必要以上の肥料や助言、過度な干渉はしないことが共通点としてあげられる。

「半農半Xを実践する人は、自然に暮らすことで自分の成長と誰かの役に立つことを前提にしているように思う」（『半農半Xという生き方』塩見直紀著、筑摩書房）。今回文章を書くにあたり改めて『半農半Xという生き方』を読み返したとき、この部分がまさに半農半コミナスにふさわしいと思った。なぜならXの箇所にコミナスを当てはめると活動時の紹介文としてそのまま使えてしまうから。誰かの役に立つには自分が元気でいることが大切で、自然や四季のパワーを感じながら暮らすことは常に自分に元気がチャージされ、自然と誰かの役に立ちたいと思えるようになるのではないか。

　私は元気になりたくて農を始めたが、今は誰かを元気にしたいという思いがある。それが今までの知識や経験を生かして実践できればこんなにうれしいことはない。半農半コミナスが臨床看護師や潜在看護師のキャリアの一つとして選ばれる日も近いような気がしている。もちろん、コミナスには看護師以外のどんな職種でも、老いも若きもどんな方でもなれるのがいいところだ。私の中で農とコミナスの割合はその時々で変わる。理想は半々だが6対4だったり3対7だったりすることもある。そんな生き方が今は心地よい。

温泉施設で健康相談を受け持つ

半農半Xのこれから

　今の主な収入は週1回の健康相談と週2回のアルバイトである。正直それだけの収入では生活していくのが厳しいので、夫の収入と合わせて生活をしている。支出では生活費の他に新たに借りた田畑で使う農機具や消耗品の費用がかさばり、数年かけて帳尻を合わせる予定だ。以前たてた月々の野菜売上目標額には到達できない月が多く、現状としては難しい。これから野菜や米が順調に収穫できるようになれば食費が減ったり、販売の収益で収入アップも見込めるに違いない。野菜販売には収入アップ以外に人との縁を新たにつないだり深められるきっかけになるので、私のコミナスの活動には欠かせない。今の田畑で育てやすい、販売しやすい野菜を探しながら、安心感とシンプルなおいしさを感じてもらえたら何よりうれしい。

この思いにはかつて心に残る味の野菜を食べ農を始めた自分の経験から来ている。今思えば、農を通じて知り合う人には半農半Xを無意識に実践する人も多く、半農半Xは昔から各地で当たり前のようにおこなわれているように思う。しかし、あえて名前をつけて意味づけすることで実践者の意識が変わり、より深い意味での半農半Xが実践できるようになるのかもしれない。誰でもない自分が感じる「ワクワク」を軸に動き、農作業で自分を客観的に見つめ、私は以前に比べ偏りの少ないバランスの良い生活ができている。動いた結果、失敗と思えることが起きても以前と比べ落ち込む時間が減り、気持ちを切り替えて失敗から学べるようになった。コミナス養成講座で教わった「失敗をどんどん共有しよう」の気持ちでこれからも地域の中で健康づくりを発信し続けたい。

米や野菜の収穫には適期がある。時期を過ぎると硬くなったり、虫に食べられたりして収穫できないものが出てくる。そのまま畑に置いておくとやがて枯れるが、種ができて風などで土にばらまかれていることが多い。そうしてひょっこり芽吹き、実をつけることもしばしばある。自然はそうして次を準備するシステムがすでにできあがっていることにいつも驚く。

一般的には適期に収穫し、切ったり抜いたりして新たに別のものを育てることが推奨されるが、あえて放置すると思わぬ「ワクワク」に出会えたりする。この先もこんな感じで、そういう「ワクワク」を探していくに違いない。皆が半農半Xを意識し行動をはじめたらどんなに素敵な世界になるだろう。そんな人で世界を一杯にしていきたい。

半農半医という生き方で見えてきたもの

和歌山県紀の川市
豊田 孝行

「医師兼農家」で充実の日々

週の半分は医師、残り半分は農家

「医師兼農家」と聞いてどんなイメージを持たれるでしょうか？

この話をすると、まったく想像がつかない、ちょっと変わった人、何か医療でミスしたのでは？などいろいろとご意見をいただきます。

私個人としては、最近半農半Xという生き方が、少しずつ世の中に認知されてきていると感じています。その一例として、私の今までの歩みを紹介させていただき、この報告を読んでいただいた方のこれからの生き方について何か参考になれば幸いです。

医師になって21年目になります。もともとは耳鼻咽喉科の医師だったのですが、現在はパート勤務で精神科、在宅医療、内科（分子栄養学）でも勤務しています。週の半分は医師、残りの半分は農家をしています。実際のところ、このライフスタイルに変えて本当に充実した毎日を送っています。もう少し変えたい部分はあるのですが、私にとってはより良い選択だったなと思います。

私はモモ栽培農家の長男として生まれました。小さい頃から家業の手伝いをして、農業は大変身近なところにありましたし、田畑で作業をすることが好きだった記憶があります。

本来は家業を継いで農家になるものと思っていましたが、母親が看護師だったこともあり、医療に触れる機会が多く、病院で働いている医師の姿に憧れ、また、祖父からは「農家はお金の面で大変だから農家になってはいけない。お医者さんは病気で苦しむ人を助けることができて、それでお金がもらえるやりがいのある仕事だ」と何度も諭されて、小学3年生の頃には、将来の夢は医師になって病気で苦しむ人たちを助けることになっていました。

その後、地元の医科大学へ入学し、念願だった医師への道を順調に歩んでいきます。あの頃は、今後医療が発展して、治療法や薬、医療機器がどんどん改良されていけば、がん、自己免疫疾患、精神疾患などもどんどん減り、健康な人が増えて幸せな社会になっていくのだと信じていました。その過程を見ていけることは本当にすばらしいことだなと。

大学病院を辞めて開業医に

医学部を卒業し、医師として働き始めた後もその思いは変わりませんでした。その後、大学での研究をしながら、現場で診療もするという生活が肌に合わず、29歳のときに大学病院の医局を辞め、耳鼻咽喉科の開業医になります。

当時は、「これで自分の理想とする医療ができる」と意気込んでいました。その後は寝る間を惜しんで働き続けます。朝は7時過ぎに診療所へ行き、帰宅は22時くらい、感染症からアレルギー疾患の増える冬〜春にかけては寝袋を点滴ベッドの上に敷いて診療所に泊まる生活が続きました。開業後数年経ち、ふと思います。「本当にこれが自分のやりたかった医療なのだろうか?」と。

働いても働いても減らない患者さん、世間では精神疾患、がん、アレルギーや自己免疫疾患が増え、抗生物質の効かない耐性菌が問題になってきていました。医療技術は進歩しているはずなのに、病気で苦しむ人が増えていく現状に自分の医師として働く目的を見失い、やりがいを感じられなくなりました。開業医には定年がありません。

この仕事をあと40年、50年続けていくのかと思ったとき、激しい絶望感にさいなまれたことをはっきりと覚えています。そして、35歳のとき、気づけば自分が、うつ病になっていました。

働きづめによる過労と精神的ストレス

睡眠時間を削り、毎日100人を超える患者さんの診察と職員への対応、医療関係者とのお付き合い、経営者としてお金の管理もしなくてはいけない状況で、過労と精神的なストレスがあったのだと思います。

また、食事もカップラーメンやファストフード、コンビニエンスストアの弁当や菓子パン、そして外食の割合が多かったように思います。お酒は毎日飲んでいました。そんな生活をしていたら、健康的に過ごせるはずもなく、体重は今より10kgほど重かったですし、皮膚は荒れて、常に体臭が気になっていました。身体が重く、疲労はとれず、副鼻腔炎も治らないままでした。

このまま開業医を続けたら、自分は胸を張って人生を終えることができるだろうか?

「あ~楽しい人生だった」最後にそう思えるのだろうか?

何度も自分に問いかけた結果、クリニックを先輩に譲渡し、いったん医療の現場から離れることを決断しました。ただ、開業医を辞めても妻と子どもが二人いて、家族を養っていかなくてはなりません。

しばらくは貯金を切り崩して生活していけるとして、その後はどうしていくのか？　その当時はまったく考えておらず、ただ辞めたい一心でした。

まず、妻に話をしました。「もうこれ以上開業医を続けていく自信がない。自分が思っていた医療はできていない。ほんとに毎日苦しい。辞めてもいいだろうか？」そう話したとき、妻はこう言いました。

「あなたは大学の医局を辞めるとき、これで自分のやりたい医療ができるとうれしそうに言っていた、それはできなかったってこと？　開業医を辞めて、ほんとに後悔しない？」

私が今の状況では「心が耐えられないから辞めたい」と言うと、「あなたの人生だから、あなたの好きなように生きたらいいわよ。私たちは家族じゃないの、あなたが働けなくなったら私が働くから何とかなるわよ」と微笑みながら言ってくれました。

今思えば、同じような収入は絶対得られない状況で、子育てをしながら自分が働くってよく言えたなあと感心します。あのとき、妻に反対されていたら、私はこの世にいなかったかもしれません。それくらい大きな転機でしたし、今でも彼女への感謝の気持ちは変わりません。

半農半医生活で体調がみるみるうちに回復

半農半医生活の始まり

その後、クリニックの診療時間を半日にして、午前中は農業、午後は診療のスタイルに変更し、クリニックのもらい手を探すことになりました。ここから私の半農半医生活が始まります。約2年後に継承してもらう先生が見つかり、引き継ぎ作業を終え、開業医を辞めてから約1か月の間、毎日畑に行き、日の出から日没まで農作業をし、規則正しい生活を心がけました。

そうすることでボロボロだった体調はみるみるう

ちに回復しました。食事もインスタント食品、ファストフード、外食中心だった生活から、自然栽培の米や野菜を中心に、できるかぎり食品添加物や超加工食品を摂らないように心がけました。このライフスタイルの変化の中で強く感じたのは、生活習慣や食事を整え、精神的ストレスを減らすことで人は健康でいられるのだということです。また、自分のやりたいと思っていることが実際できているかということも大切だと思います。

モモの摘花作業などをおこなう（筆者）

　現代社会では、生活の糧として、やりたくないことも仕事として生きている方がたくさんいると思います。その場合、精神的なストレスがたまりやすく、やはり身体的、精神的に調子を崩している場合が多く見受けられます。そういう私も開業医をしている頃は毎日出勤するのが苦痛で仕方がなかったのですが、畑に通うようになってから熟睡できるようになり、朝の目覚めも良く、気分も安定し、イライラすることや頭痛、ひどい肩凝りがなくなったように思います。

身の振り方を考える

慌ただしかった医療の現場から離れ、農作業をしながら今後の身の振り方について考えました。

「自分はどういう生き方をしたいのだろう？」「このまま農業をし続けてもいいのかもしれないが、何かやり残したことはないだろうか？」

　もともと農家の生まれで、小さい頃から農作業を手伝っていたこともあり、農業に対する抵抗はありませんでしたし、農地と農機具がある程度揃っているという点でスムーズに生活スタイルを変えることができたのだと思います。

　毎日農業を続けていくことはまったく苦にならず、いつまでもやれそうな気はしていましたが、やはり、過労、精神的ストレス、睡眠不足、食生活の乱れで心身ともに病んでいた自分が、こんなに健康になって楽しく毎日を過ごせている、だとしたらこの経験を多くの人に伝えていく必要があるし、病気になってから治療を受けるのではなくて、未病の段階で止める、病気の予防を中心としたセルフケアに目を向けていただけるように活動をしていこうと考えました。

セルフケアや病気の予防に目を向けることで

病気に苦しむ人が減るように

２０２０年度はコロナウイルス流行により受診控えが起こったために一時的に医療費が減りましたが、それまで医療費は増加の一途をたどり、精神疾患、がん、糖尿病、高血圧、高脂血症などの病気も増えてきています。一般の方々がセルフケアや病気の予防に目を向けることで、医療費も減り、病気に苦しむ人も減り、きっと幸せな社会に向かっていくと私は信じています。

「医者は患者ゼロで廃業をめざすべし」

　尊敬する真弓定夫先生の言葉です。最終的に社会に健康な人があふれ、私のような中途半端な医者が必要なくなったら医師免許をお返ししようと思っています。そのときが来るまでは今の生活を続けていくつもりです。

現在は月曜、水曜、金曜：精神科、火曜：リハビリテーション科、木曜：内科、耳鼻咽喉科というかたちで勤務しております。完全に医療の現場から離れてしまうと最新の医療情報から疎遠になってしまうので、患者さんに食事指導や生活スタイルの見直し、減薬指導をおこなう際に、実際の医療現場で働いているのと、働いていないのとでは、やはり説得

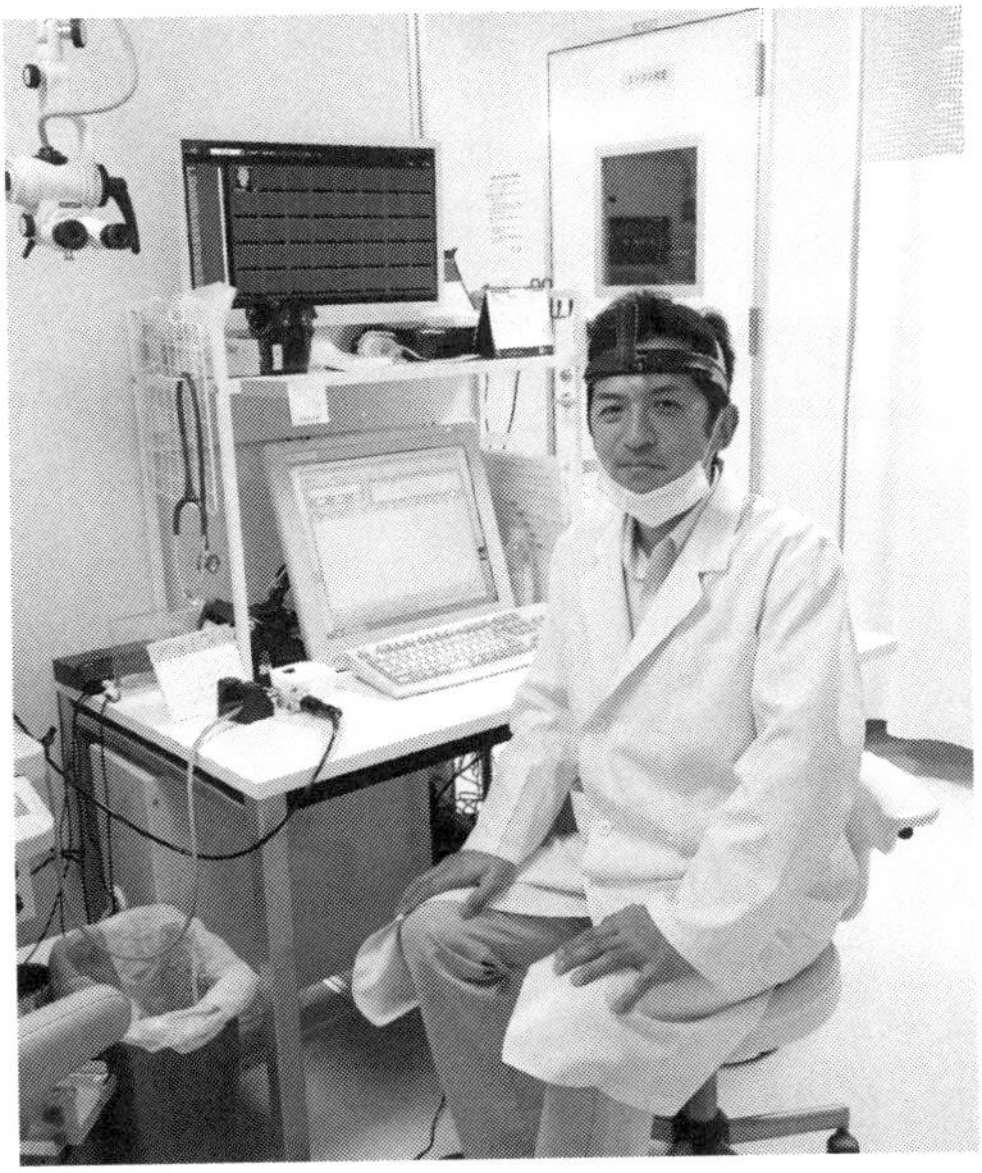
ローテーションを組み、診察時間も確保

力に差が出てしまいます。それで、上記の病院、クリニックで勤務しながら、栄養外来や病気の予防に関連した講演をおこなっています。
病気の予防に関して重要になってくるのが栄養です。栄養素が不足していると体の細胞や臓器の維持だけではなく、酵素やホルモン、神経伝達物質、免疫などの機能が働かなくなります。
現代の日本人は炭水化物過多、脂質過多、タンパク質不足、ビタミン・ミネラル不足の状態です。栄養のバランスがとれておらず、本来備わっている恒常性（ホメオスタシス）を維持する機能がうまく働いていません。自律神経、免疫システム、ホルモン等の機能がきちんと働けば、薬やワクチンなどを減らしていけるのではないかと思います。

栄養素が不足すると

近年は栄養素の不足に加えて、農薬、食品添加物、肥料（硝酸態窒素など）、薬物、環境汚染物質などの化学物質が体内に入ってくるため、それらの

物質の解毒、排出に栄養素が浪費され、必要な部分にまわらず、体調不良を訴える人が増加していま す。また、職場や学校、家庭における精神的ストレスが多く、ストレスから体を守るために、ステロイドやアドレナリンといった抗ストレスホルモンの合成が盛んになり、栄養素が欠乏していくといった状態も多く見られます。

さらに、栄養素が欠乏すると、脳内で感情のコントロールをしているGABA、ドーパミン、ノルアドレナリン、セロトニン、メラトニンといった神経伝達物質の合成もうまくいかなくなり、不安障害、うつ病、不眠症、統合失調症などの精神疾患に罹患することも最近知られるようになってきています。

身体の面から病気を予防するためには、余計なものを体に入れないこと、必要量の栄養素を摂取することが大切です。50年前、60年前に比べて野菜や果物の栄養価が下がり、残留農薬、化学肥料、ホルモン剤、抗生物質などの乱用が問題になってきています。これは作物の生育環境の悪化（土壌、水、栽培時期など）が影響しています。

土の中には多くの微生物が存在し（土1gの中に約1兆個）、彼らは様々な栄養素を合成したり、植物を介して栄養素や情報の伝達をしているのですが、化学物質を入れることで微生物や植物の量が減ったり、分布に偏りができたりして、微生物間のバランスが悪くなり、それに伴い土壌の状態が悪化し、作物の栄養価が下がってきているのではないかと考えます。

さらに、その状態を改善するために、化学肥料を入れます。それにより、さらに病気や特定の種類の虫の大量発生を招き、農薬の使用量が増加するという悪循環を招いている可能性があります。土壌内の微生物の減少→土壌の荒廃→化学肥料の使用→特定の虫や細菌の発生、増殖→農薬の使用→土壌内微生物の減少・圃場における多様性の消失、この循環の繰り返しです。

腸内環境が悪化すると

人間の腸も同じです。人の腸には１００兆から１０００兆個の腸内細菌が存在し、食物の消化、栄養素の吸収・合成、有害物質の解毒などの役割を担っています。食品添加物や抗生物質・除菌剤の使用、精製糖質・転化糖の多用により、腸内環境が悪化し、それに関連した様々な病気が増加しています。

潰瘍性大腸炎やクローン病、過敏性腸症候群、ＳＩＢＯ（小腸内異常菌増殖症）などの直接腸がダメージを受けるものから、リーキーガット（腸漏れ）症候群に起因する、バセドウ病、アレルギー性鼻炎、慢性関節リウマチなどの自己免疫疾患を引き起こす場合もあります。

さらに、最近では、脳・腸・腸内細菌相関と言われるように、腸内環境が悪化すると精神状態が悪化したり、自律神経が乱れたりすることもわかってきています。これらのすべての原因が摂取している食物にあるというのは言い過ぎと思いますが、現在病気の人が増加している一因となっていることは間違いないでしょう。

科学の進歩とともに私たちの生活は便利になりました。ただ、病気の人は増えている現状にあります。実際、私たち人間は自然界のどれだけのことを解明できているのでしょうか？　誰にも答えはわかりませんが、おそらく1割も解明されていないのではないかと考えます。ほんとに不確かな状況の中で、自分たちで解明できたことをつなぎ合わせて、私たちは生きています。

一方、自然ってほんとにバランスが取れていて、手を加えなくても勝手に自浄作用が働くようになっています。人間の体にもその力が備わっており、栄養や環境が整えば、自動的に恒常性維持システムが働き、体を一定に保てるようになっています。余計なものを体に入れず、自然栽培や減農薬の野菜や果物を中心とした食生活をすることで、私はうつ病を克服できました。次は、その野菜や果物を自分でつくれるようになりたいと考え、約10年前から自然栽培に取り組んでいます。

農薬や化学肥料を減らし栽培環境を改善する

一部の畑を無農薬、無化学肥料に

できるだけ農薬や化学肥料を使わない、と口で言うのは簡単ですが、ここまで来るのに何度も困難な状況に陥りました。うちの畑では、モモ（1ha）、ブルーベリー（3a）、イチジク（1a）などの果樹と季節ごとの野菜（1a）を育てています。

モモに関しては、もともと慣行栽培の園地でしたが、10年前に化学肥料を止めて、農薬は2月末~3月上旬にかけて撒布する硫黄石灰合剤の1回のみでスタートしました。本来はモモの防除暦に従うと年間10~15回の農薬散布になります。かつ、圃場によっては除草剤を2~3か月ごとに撒布します。

最初の3年ぐらいは穿孔細菌病、縮葉病などの感染症、アブラムシ、コガネムシ、カメムシ、ハモグリガ、シンクイムシなどの虫が大量発生し、ほとんど売り物になりませんでした。毎日何千匹という虫を手で取ったり、水で吹き飛ばしたりして除去していましたが、手に負える数ではなく、何本も樹が枯れて心が折れそうになりました。

そこで、剪定方法を、従来の下向きの短い枝を残して徒長枝を切り、樹を横に広げる剪定法から、上向きの長い枝を残して徒長枝を伸ばし、樹を上に向かせる切り上げ剪定という方法に変更しました。広島県から道法正徳先生に何度も圃場までお越しいただき、実技と植物ホルモンの働きをうまく使った栽培理論を教わりました（詳細は株式会社グリーングラスまでお問い合わせください）。

また、酢や海水を圃場に撒布したり、海藻やキノコの菌床を入れてみたりと試行錯誤して、6年目ぐらいから病気、虫の発生が目に見えて減ってきました。現在では一部の畑でまったく農薬、化学肥料を使用しなくてもモモの栽培が可能となっています。

人の体も土も、薬を含めた化学物質の使用を少なくし、微生物がきちんと生きていけるようにすれば、自分の体内もしくは土壌内で恒常性を維持するようになっていくものだと私は考えます。できるだけ農薬や肥料を減らすことで、環境が改善され、ひいては、そこに住む微生物、動物、植物そして人間も含めてみな健康になっていけるはずです。

ただ、この社会で生きていくにはお金が必ず必要です。それでよくこんな質問をされます。「効率よく農業をするにはどうしたらいいですか?」「農業って儲かるんですか?」「何を栽培したら儲かりますか?」

実際のところ、お金儲けをするのであれば、医療

「これから収穫作業です」と豊田さん

モモの花が満開に

出荷待ちの早生モモ（日川白鳳）

だけをしていればそれで十分だったと思います。お金がまったく必要ないとは思いませんが、お金がたくさんあれば幸せで充実した人生が送れるのでしょうか？　地位、名誉、お金、それらを追い求めていた30代の前半は本当に苦しかった。稼いでも稼いでも満たされた感覚は得られませんでした。

今は開業医をしていた頃に比べて収入は半分ぐらいになりましたが、充実した毎日を送っています。結局、自分が望む生活を送るために必要なお金の額が自分で把握できていなかったということだと思います。欲しいものもなかったのに不要なものを買ったり、見栄を張ってお金を使っていたのです。

人は他人の人生を生きることはできない

「開業医を辞めなければよかったのに」とか、「あなたのやっていることは全部中途半端だ」という意見をときどきいただきますが、人は他人の人生を生きることはできません。だから、他人と比べる必要もないし、認めてもらう必要もないのだろうと思います。

向き合うべきは自分であり、どう生きたいのか？　そして、自分の生き方が周りの人にどれだけプラスの影響を与えることができるのか？　を常に考えるようにしています。私にとっての農業は身体のもとになる作物を育てる尊い職業だと思っています。どんなにいい薬があっても、食べ物がなければ人は生きていけませんから。今後もこのスタイルを貫いていきます。

半農半医生活をやってみて、私のように最初から畑も農機具も揃っている家庭はそれほど多くないかと思います。新しく農業を始めたい、けれども収入や不確定要素（天候の変化、虫の大量発生、感染症など）の不安を払拭できない場合は、このライフスタイルがおすすめです。

小さい面積から始めて徐々に拡大していきながら、最終的に農業一本で生計を立てても良いし、ちょうど自分の思うライフスタイル（農業：農業以外の仕事＝３：７など）にたどり着いたのであれば、そのまま継続するのも良いかと思います。

今この国では農業者の高齢化がすすみ、耕作放棄地や農地の宅地転用が増えています。食料自給率の低い国ですが、今のところ食料危機は来ていません。今後、台風、洪水、干ばつ、森林火災などの気候変動の影響で海外からの食料輸入が止まった場合、一気に食料難になる可能性があります。

なにせこの国の食料自給率は37%（カロリーベース）ですから。家庭で食べるぶんぐらいは自分で育てられるようにしていただけると、耕作放棄地や農地の継承問題も少しずつですが解決の方向に向かっていくと考えます。実際、耕作放棄地を開墾するのは大変ですし、いったん宅地化した土地は二度と農地に戻らないので、週末農業でも良いので、作物を育てつつ農地を維持していただけるのであればうれしく思います。

生命力のある野菜や果物で元気に

私自身の今後の展望としては、現在取り組んでいる自然栽培を普及させたいと考えています。先に述べましたが、現在は農薬や化学肥料の影響で土壌の微生物が減り、土壌が痩せてしまっています。それに伴い野菜の栄養価が下がり、健康維持に必要な栄養素を十分量摂取できていないという現状があります。農薬や化学肥料に頼り過ぎた農業を見直すことで、本来土壌が持つ力を元に戻し、生命力のある野菜や果物を育てられるようになれば、それらを食べることで、人間も元気になると思います。

最近では、ミカン1個に数千の栄養素が含まれているということがわかっていますが、実際、その4分の1程度しか、はっきりとした効能効果はわかっていません。残りの栄養素はどんな働きをしているのでしょうか？　それは今後、科学の進歩とともに明らかになってくるのでしょう。

よって、野菜や果物は皮や葉を含めて全部食べたほうが栄養素の種類も多く、相互作用が期待できます。自然栽培であれば残留農薬や硝酸態窒素の影響を考える必要がないので、普段は捨てていた部分も安心して食べられます。将来的には学校給食にも取り入れてもらえるように、一緒に取り組んでいただける農家さんを増やしていきたいと思っています。

約4年前から和歌山県で自然栽培農家のグループ「自然の郷きのくに」を立ち上げ、自然栽培の普及活動、健康セミナーなどをおこなっております。現在は10軒ほどの小さいグループですが、自然農業塾を開いて技術指導をおこなっていますので、興味ある方はお声かけください。

自然と共生する村づくりと
自ら心身を整えることを目的に

水源と自然の循環サイクル

あと、いくつか現在の取り組みについてお話しします。2020年の3月に和歌山県から認可がおり「NPO法人　水源を守ろう」という団体を設立しました。ここでは、農地と同様に放棄地が増えている森、山、そしてそこに含まれる水源を守りつつ、多くの人が支え合って生きていける村社会、コミュニティをつくっていきたいと考えています。

山が駄目になると川、そして海も駄目になり自然の循環サイクルが壊れてしまいます。最近は補助金目的のメガソーラーがどんどん建設され、森林が大きく伐採され、山の保水能力が失われています。気候変動に伴い、各地で、豪雨に伴ってがけ崩れ、土石流や地すべりが起こっています。先日も各地で起こった土石流で尊い命が失われました。

私たちは間借りして住まわせてもらっている地球に対して好き勝手に、お金儲けのために開発を続けてきました。その結果、大きなしっぺ返しを受けています。気候変動は人間が起こしたものではなく、地球や太陽の活動の変化によるものだとも言われます。原因がどちらだとしても、今住まわせてもらっている地球を汚していいという話にはなりません。

自分の家がごみだらけで住めなくなったら困りますよね？　そこで環境に配慮しつつ、いろいろな能

自然予防医学バランス協会の講習会

力を持った人が集まって、自然と共生できる村をつくりたいと思っています。全国各地でそのような動きが活発になってきていますので、お互いに協力していければと思います。先日、古民家を購入し、近くの畑を借りました。山林についても現在交渉中です。

自分の身体を自分で治す

もう一つは、自然予防医学バランス協会という一般社団法人です。この団体は、人それぞれが自分の身体に目を向けて、セルフケアをおこない、自分で自分の身体を整えることができるようになるという目的で設立しました。日本人は特に専門家といわれる人の言葉に弱く、つい依存してしまいがちです。しかし、自分の身体は自分が一番理解しているはずだし、自分自身でしか治せません。医師や薬は身体を治してくれるのではなく、あなたの身体が自分で治そうとするきっかけになったり、そのサポートをしているだけなのです。

自分の健康を維持するには、まず栄養を整える、そして余計なものを摂らないことが重要です。ただそれだけではなくて、心の持ち方も重要になってきます。前述したように、人はストレスを感じると身体を守るために栄養素を消費します。もしストレスに感じていたことが、ストレスではなくなったらどうでしょう？　精神面でプラスにとらえることができたらどうでしょうか？　きっと心は楽になりますよね。

さらに栄養素の浪費も防げます。心理学的なアプローチで心の奥にある思い込みや、そのイメージ、受け取り方を変えて心を整えることができるようにしていきます。そして、精神性（霊性）の部分にも意識を向けていくのです。よくエネルギーとか波動とか言われるものになります。身体、心、エネルギー、この三つのバランスがとれてこそ、自分らしく、健康で幸せに生きていけるでしょうし、そういう方を増やしていきたいと思っています。

健康で幸せに生きていけるように

医師という仕事だけではなく、農業にも携わったことで、本当にたくさんの人に出会いました。その関わりの中で記事の執筆、講演活動、ラジオやテレビの出演など様々な機会をいただきとても感謝しております。一つの仕事だけでは経験できなかったことをさせていただいて、毎日が充実していますし、幸せです。今後も自分の生き方を継続しながら、それに関わっていただける人も一緒に健康で幸せになれるように、そして地球環境もきれいになって生物が住みやすくなるように活動していきたいと思います。

私たちの人生は小さな選択の積み重ねです。自分は何をしたいのか？　自分はどうありたいのか？　自分自身ときちんと向き合うことでより良い選択ができると思いますし、それを積み重ねた先にすばらしい未来が待っていると思います。皆様の未来が明るく、希望に満ちあふれたものになることを願って、この報告を締めくくりたいと思います。最後まで読んでいただき、ありがとうございました。

移住先での基盤を築き
循環型農園づくりへの模索

■

福岡県香春町

三村 信也

　任期3年目、地域おこし協力隊・半農半X担当として、福岡県田川郡香春町《かわらまち》にて農的暮らしを実践している。僕の体験が、地域おこし協力隊になることを検討している人、現役隊員／OBOG（元隊員のオールドボーイ、オールドガール）、農ある暮らし／家畜のいる暮らしを志す人、新規就農希望者、学生、食や環境に関心のある人など、何らかの参考になれば幸いだ。

出身地隣りの香春町にUターン

　もともと、地元に戻ってくることはまだ考えていなかった。高校までを福岡県田川市[1]で過ごし、その後は外に出ていたのであるが、最終的に2019年4月、隣町の田川郡香春町にUターンするかたちで戻ってきた。Uターンと言いつつも隣町なので、自分では半地元民・半移住者のような感覚でいる。

　香春町は北九州市の南側に隣接する人口1万人規

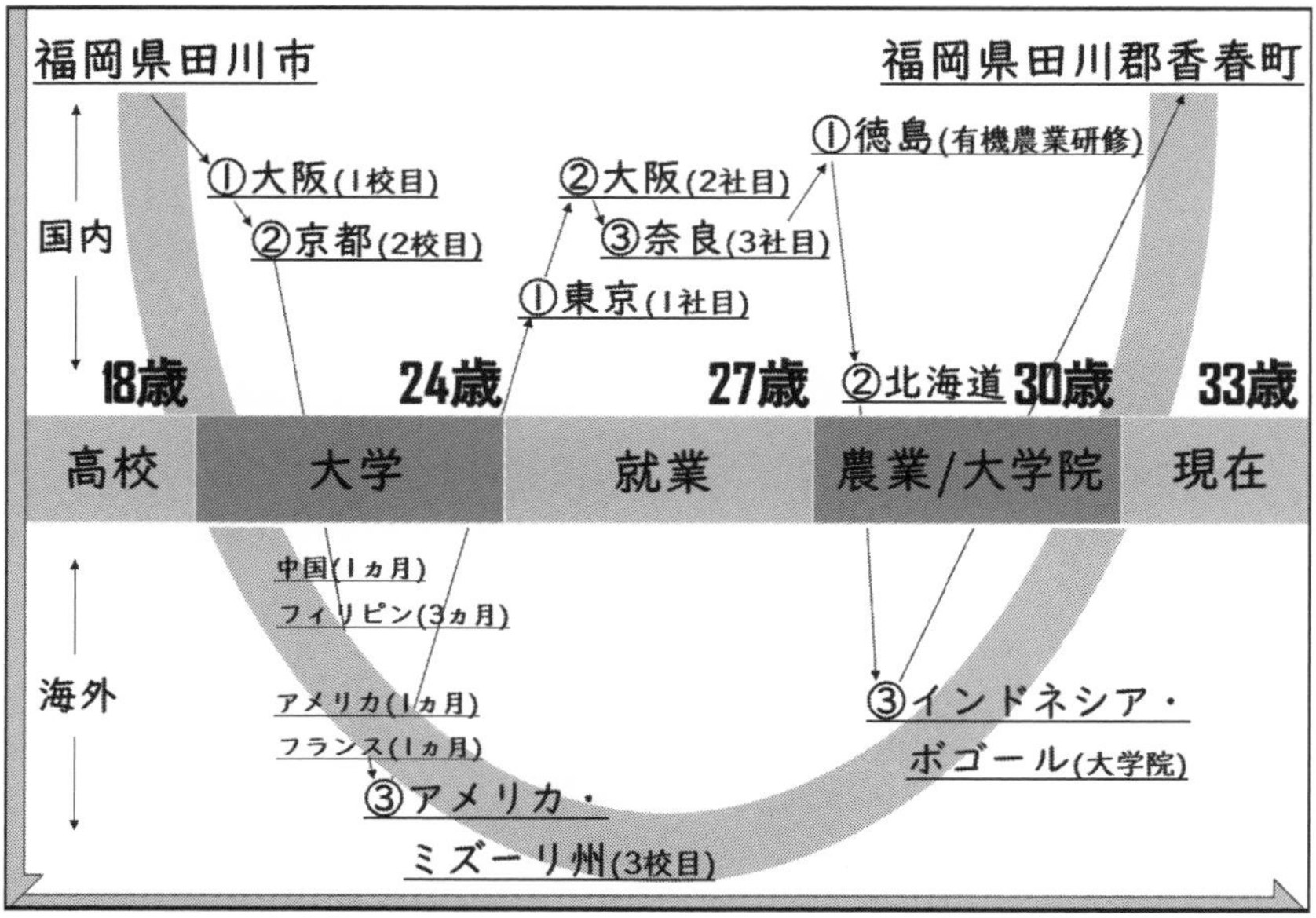

Uターンするまでの筆者経路

模の自治体。町の中心部には、１９７６年に吉川英治文学賞を受賞した五木寛之著『青春の門』（講談社）で描かれている香春岳《かわらだけ》がドンと構えている。大学進学で地元を離れ、関西（北九州市新門司港着のフェリー）や海外（福岡空港着の飛行機）から帰って来る度に、香春岳がその姿を現すにつれ地元に帰って来たのだという実感を持った。

旅で様々な場所へ

18歳から30歳になるまで、様々な場所に滞在・訪問をしてきた。期間が長い順に、大阪、アメリカ・ミズーリ州、奈良、東京、インドネシア・ボゴール、福岡市、京都、フィリピン・マニラ、北海道、また1か月ほど、中国・上海、アメリカ・サンディエゴ、フランス・南部の村に滞在した。

ゲストハウス（安宿）をはじごしながら世界各地をまわるバックパッカーとしては、東アジア、東南アジア、南アジア、中東、西ヨーロッパなど20か国を旅し、福岡から北海道までを片道1か月の原付きバイク旅、東京から福岡までをヒッチハイクで帰省したりもした。大学生活でアメリカにいた頃はシェアハウスやシェアルーム、日本に戻ってきてからもシェアハウスに5度住んだ。

様々な場所に行き、様々な人に出会い、様々な文化やそこでの生活に触れることはとても愉しく、多様であることのおもしろさを学び、世界各地での暮らしと現実を目にした。

紆余曲折してようやくここまで

中学では野球部（止めたかったが最後まで継続）、高校で空手部を退部、最初の大学では半年で退学することを決め、直近のインドネシアでの大学院も中退している。仕事でも、フランス人のスタートアップ企業、訪日旅行（インバウンド）のベンチャー企業、中古建設機械売買の中小企業、地域おこし協力隊（奈良市）、サツマイモ農家、塾講師など、このままでいいのだろうかと悶々と考えながら迷走してきた。

唯一継続して達成できたことは、アメリカの大学に留学して卒業したこと。高校での大学進学を考え始めた頃、英語圏への留学の夢を持った。大学のプログラムで行く交換留学を想定していたのだが、結局エージェントなしで一から自分で調べ、正規留学（編入）で無事に卒業できたことは自分の中での一つの大きな成功体験となった。辛いこともあったが愉しいことが勝っていたので達成できたように思う。

また、高校卒業以来、その時々の興味に沿って多くのことに取り組んできた。様々なことに興味を持つので、とりとめのないことをやり過ぎている感は否めないが、半農半Xを実践し始めてからのここ最近ではそれでも良いと思えるようになってきた。生きるために必要な知識やスキルがいくらか身に着いたように思う。結果的に、半Xの種が本当にたくさんできた。

導入部分の自己紹介はこのぐらいに、ここからは移住の経緯、地域おこし協力隊について、地域おこし協力隊が半農半Xに向いている理由、半農半Xの活動状況、任期終了後の取り組み、現在とこれからの半Xの中身、などを共有したい。

移住に至った経緯

今回、地域おこし協力隊として半農半Xを実践するために地元の隣町にUターンしたのであるが、その決め手となったのは、①半農として、自分がめざしていきたい農に3年間取り組めること、②半Xとして、まだこれだと決めきれていない別の専門性Xで任期終了後を見越して起業準備ができること、③地理的に家族（両親、姉家族、祖父）に近いことが条件として良かった。

Uターンするのは今でなくても良かったが、いずれは縁のある場所に腰を据えて拠点を持ちたい想いがあったので、今回の「地域おこし協力隊・半農半X担当」が最適な機会だと思い応募し、最終的に着任することができた。

地域おこし協力隊の制度と取り組み

地域おこし協力隊とは

香春町地域おこし協力隊・半農半X担当として２０１９年４月に着任した。２０２１年４月〜２０２２年３月が最終年度の3年目で、もうすぐ任期が終わろうとしている。

地域おこし協力隊をご存じの方も多いと思うが簡単に説明すると、２００９年に国の制度（総務省）として始まった、人口が集中する都市部から過疎化がすすむ地方へと移住を促し、最長3年間の仕事と住居が保証される。多くの自治体は地域課題の解決に取り組んでもらうことを目的に制度を導入する。

取り組む課題として、たとえば空き家解消・移住促進、農林漁業の担い手育成、特産品づくりとPR、教育やコミュニティづくりなどがメジャーな活動内容といった印象だ。もちろん、自治体ごとに地域課題は異なるので、その取り組み内容も多岐にわたる。

最近では制度を使う自治体側にノウハウがたまってきたこともあり、事業提案型でサポートが手厚い起業プログラムを実施している自治体もある。

待遇面での給与は、16万６０００円が最も多く、２０２１年8月20日現在募集中の[2]１８３件が15万〜19万９９９９円、79件が20万〜と設定されている。給与とは別に、住居のための家賃、活動に必要な経費も支給される。

また、就業時間は週30時間〜40時間、週4日もしくは週5日勤務で、比較的余裕ができるように設定されている。さらに２０２０年から、全国的に賞与がもらえるよう制度が変更されており、これは非常にありがたい。

任期終了1年前から終了後1年までの2年間の期間中に限り、起業や個人事業主として独立する者は、起業支援補助金として国から１００万円の交付を受けることができる。具体的に、香春町地域おこし協力隊・半農半X担当の場合はというと、月給20万円、週30時間勤務のフレックスタイム制をとっている。

協力隊の全体活動と個人活動

香春町には地域おこし協力隊員が現在5名在籍しており、僕を含めた2名が半農半X担当としてそれぞれで活動している。仕事内容は、香春町地域おこし協力隊全員で共通する全体活動と、個人活動とに大別される。

全体のミッションとして、香春町に「新しい人の流れをつくる」ために、①日々の活動や暮らし（ライフスタイル）の情報発信、②イベントの開催、③移住交流拠点である採銅所駅舎内にある第二待合室の運営管理を協力しておこなう。

また、「新しい人の流れをつくる」ミッションに沿う個人活動として、半農半X活動をおこなう。別の言い方をすれば、情報発信をしつつ、自身の定住

「かわら農業塾」のスタッフとして参加

につながる起業準備としての半農半Xの実践が業務上認められている。半農半X担当として「半農半X」それ自体を仕事としておこなうというのは少々特殊な状況であるので、1年目、2年目、3年目と仕事内容を整理する。

1年目を「地域を知る年、学ぶ年」として設定。最初の仕事として、町役場の産業振興課が町内外一般向けに開催する「かわら農業塾」にスタッフとして参加した。夏野菜栽培、冬野菜栽培の2部構成で毎週水曜日の午前中に開催され、10～15名ほどの参加者が1年を通して野菜のつくり方を学んだ。

他には車で40分離れた桂川町の合鴨農法（合鴨水稲同時作[3]）の第一人者である、古野農場の古野隆雄さんの下に何度も通い、合鴨農法と養鶏の仕方を学んだ。3年目の現在もお世話になっており、2021年8月に田んぼ横の一段高くなった河川敷でアイガモを愛《め》でながら、手づくりスモークのつまみとビールを片手に（アルコールは飲めないが）、福岡県合鴨水稲会のメンバーでそのひとときを楽しんだ。

2年目を「地域に入る年、実験的に取り組む年」として設定。将来的な構想をイメージして、耕作放棄地を借り受けて農園の開墾を開始した。

ブラックベリーとパパイヤ苗の畑への植えつけ、ブルーベリーとレモン苗木の育苗を始め、同時に合鴨農法で有機稲作1年目として取り組んだ。パパイヤは1年目、2年目とそれほどうまく育たず栽培を断念した。

また、地域の方とも交流を深め、特産品である「あま干し柿」づくりと「金明竹」と呼ばれる珍しい種類の竹が生える竹林の整備を、使命感を持って

合鴨農法の田んぼで田植え

地域特産の「あま干し柿」づくりにも参加

おこなうJA採銅所園芸部の方々の作業に積極的に参加し、交流を深めた。

3年目を「地域の一員になる年、事業化を見据える年」として設定。シェアハウスづくりのために、現在住んでいる借家から徒歩3分の農地付き空き家を購入し、現在コツコツと床板の総張り替えや断熱処理などDIYリノベーションをすすめている。また、協力隊終了後の有機果樹栽培の事業化を考え始めたので、「地域おこし協力隊起業支援補助金」を申請して中古のトラクターとミニ油圧ショベルを購入した。

協力隊で半農半Xをおこなうメリット

半農半X的生活にシフトするために、地域おこし協力隊を一つの手段として着任することのメリットをいくつか紹介したい。

メリットその1　農地の借りやすさ

地域おこし協力隊になるには通常、過疎地域等の条件不利地域に移住することになるので、移住して数か月後には（運が良ければ農地付き空き家に入居してその日から）家の近くの小さな農地を使わせてもらえることが期待できる。

たとえば中山間地（イメージとしては里山のような地域）では周りを見渡すと、草を刈って管理のみ（所有者自身で刈るか、お金を払って刈ってもらうか）している農地や耕作放棄地がたくさんある。農地を持て余している所有者としても、タダでいいので借りて耕作してくれれば、草刈りの負担や草が伸びてしまって周りに迷惑をかける心配もなくなる。

そういうわけで、小さな畑を借りて無理のない範囲でまず始めてみることはさほど難しくない。

具体的には僕の場合、1年目で家庭菜園用の畑とニワトリの畑で400㎡、2年目は循環型農園用に追加で2500㎡の田畑、3年目は果樹を植えるために2500㎡の畑を追加し、すべて無料で借りることができている。

メリットその2　半農・半地域おこし協力隊

地域おこし協力隊では通常3年間の仕事と住居が

保証される。

地域おこし協力隊の仕事をしつつ、多くの人は業務外で農的暮らしを始めていくことになるかと思うが、畑の確保とやる気さえあれば、どんな職種の地域おこし協力隊でも農ある暮らしが可能だ。3年間のベースとなる給与は実際的にも心理的にも、農ある暮らしを始めてみることに対してハードルを下げてくれる。

メリットその3　役場への所属（信用と人脈）

つてや知り合い経由での移住でない場合、いきなり田舎で農的暮らしをするのはなかなかハードルが高い。

役場職員として地域おこし協力隊活動をするので、地域の人には役場関係の人として認識してもらえ、役場の信用を借りて活動やお願い、あいさつをすることができる。なかには役場を嫌っている地域の人もいるので、そのときは移住者として接する。

そして、地域資源の発掘や地域活動の企画に際して情報収集をする場合、まず担当課の役場職員に相談し、そこから各部署の詳しい人につないでもらうことで、できることが格段に増え、かつ現実的な面でできないことがすぐに判明する。

役場職員には地元の人が多く、職務上地域のキーパーソンとつながっていることが多いので、必要に応じて紹介してもらうこともできる。僕自身、担当役場職員に相談し頼ってみると、農関係で、農機具の融通や作業手伝いなど期待以上に協力してもらえることが多かった。

役場の仕事のすすめ方に最初は戸惑うかもしれないが、3年経験すれば、予算の取り方や企画の通し方など、いろいろと学べることが多い。

3年間で移住先での基盤を築く

移住して最初の頃はわからないことが多い。その地でやっていけるかもわからない。しかし1年ほど経てば、農的暮らし、地域や職場での人との関係性、地域環境など、今後この地でやっていきたいか、やはり他に移る選択肢を考えるべきかが自分のなかで徐々にわかってくるかと思う。

新しく始めたい事業や半Xがすでにある人は、この3年間で実験的にやってみて、軌道修正をしてより精度を高めていける。半Xをこれから探す人は、(担当部署の対応しだいではあるのだが) 仕事の一環で研修を受けたり、次につながる資格取得をめざすことができる。

具体例として、空き家バンク担当は、任期終了後に不動産会社開業のため宅建士 (宅地建物取引士) の資格取得。アウトドア担当は、キャンプコーディネーターや森林インストラクター、防災士などの資格取得をめざすことができる。

そして比較的自由度の高い半農半X担当での僕の場合、1年目にダンボールコンポストアドバイザー研修、わな猟の狩猟免許取得、2年目に自伐型林業研修 (チェーンソー講習、刈払機安全講習、小型車両系建設機械特別講習) を受け、3年目で第二種電気工事士の資格取得をすることができた。また、循環型農園づくりをより確かなものにするため、10月からパーマーカルチャーデザインコース (オンライン) を受講しており、循環する暮らしや菜園のデザインをおこなえるようになる。これらの資格やスキルは、そのまま「いくつかの半X」、または後述する非電化工房の藤村先生が言うところの『月3万円ビジネス』(藤村靖之著、晶文社) に直結する。

また、次のようなパターンで地域おこし協力隊を活用して移住することも可能だ。

一つ目は、あらかじめほれ込んだ移住したい市町村がある場合、そこに通って地域の人と顔なじみになり、その流れで地域おこし協力隊の役場担当職員を紹介してもらう。事前に熱い想いを伝えておくだけで、もしかしたらどこかのタイミングで地域おこし協力隊の募集を開始してくれるかもしれない。その際はもちろん事前に連絡が来る。友人はこのパターンで、切に移住を望んでいた自治体で希望する担当職につくことができた。

二つ目は、就農を希望、もしくは就農する道も一つの選択肢として考えたい場合、地域おこし協力隊の3年を準備と経験を積む期間、適性を見きわめる期間として取り組むことができる。かくいう僕も、後者に当てはまり、就農の可能性を一応は持ちつつ、いくつかの軸を同時並行ですすめている。

近隣の地域おこし協力隊とのコラボ

近隣の地域おこし協力隊との交流の延長で、専門性（X）の掛け合わせコラボ企画が生まれた。Xを掛け合わせる相手は、築上郡築上町《ちくじょうまち》の椎田《しいだ》漁港にて漁師見習い中で、任期終了後に漁師独立をめざす松村一成さんといくつかのプロジェクトをすすめた。

第一弾は牡蠣殻を果樹の株元に施用する実験。牡蠣シーズンに漁港で出る牡蠣殻（産業廃棄物）を、農業資材として栽培実験をしているブラックベリー果樹の株元にまいた。ホームセンターで売られている牡蠣殻石灰のように粉砕するのは手間なので、そのまま株元にばらまく。

しばらくはそのまま残ってしまうが、人が踏み、放しているニワトリがカルシウム補給のためにつつき、また雨風や時間の経過により、数年でボロボロと土に還る。牡蠣殻の効用として、酸性に傾いた土壌pH《ペーハー》をアルカリ性に戻す働きと、微量要素である海由来のミネラル分補給を期待できる。今後植えつけるレモンや地域で取り組んでいる渋柿の果樹株元にも使ってみようと考えている。

また、第二弾として漁港で解体したイカダ（竹）を持ち帰り、チップ化して畑の表面にまくバーク利用を試みようとした。しかし、チェーンソーで数mおきに切ったところ、竹の中に溜まった海水が腐り異臭を放っていたのでチップ化は断念した。海水が付着したチェーンソー、ズボン、トレッキングシューズから異臭を取り除くのに苦労したことは彼には伏せている。

そして次の新たな一手、将来的な半Xとして、周りで魚貝類共同購入者を募り、当日朝に採れた魚をたとえば週1回集荷に赴き、帰りに各家庭に届けるスモールビジネスも良さそうだ。

win（松村さん）-win（自分）-win（共同購入者）と、その時々の新鮮な旬の魚貝類が食べられるお楽しみ要素もあり、みんなハッピーに健康で愉しくお金を回すことができる。何よりも僕自身、無類の魚貝類好きなので、週1回の3時間ほどを生活の中にルーティンとして取り込んでしまえば、さほど負担にならないと思っている。

他の地域おこし協力隊から牡蠣殻を譲り受ける（左が筆者）

２０２０年の冬には豊前海一粒蠣数kgを計6回購入し、漁港の方に顔を覚えてもらえたほどで、２０２１年はさらに多く通うことになりそうだ。まずは、周りで牡蠣の注文を取り何度か届けてみて、小さな半Xとして成り立つか感触を確かめるつもりだ。

半Xの中身と展開

現在までの半X

着任から現在まで業務外（副業）で半Xとして収入を得ているのは、ＪＡ採銅所園芸部の一員として、カキ園の草刈り作業（通年）、渋ガキの収穫と干しガキづくり（10～11月）、金明竹林の整備（12

〜2月)、タケノコ収穫(3月)。他には、近所の草刈り代行(頼まれたとき都度)、地域の河川草刈り(定期)、ダンボールコンポスト資材の販売(実践者の必要に応じて)、小学校学童での指導員(1回)などである。半農半X活動での業務として、合鴨農法でつくった有機栽培米の販売(お裾分けとして少量)、幼虫からかえったカブトムシの販売(7月)をおこなった。

特に、JA採銅所園芸部の方々にはとても良くしてもらっており、熟達した技や田舎で生きる知恵を学ばせてもらっている。メンバーには、日本ミツバチ養蜂の師匠、庭先養鶏仲間もいる。

今後の半Xの可能性

そして今後の新しい半Xとして、以下のいくつかに取り組もうと考えている。

- シェアすることとして、シェアハウスの家賃収入(もしくはお手伝いでの労働力の確保)、各種DIY機械・工具の貸し出し、循環型農園のキャンプ日帰り利用・宿泊貸切利用、農園でのヤギ、ニワトリ、コールダック(小さなアヒル)、リクガメのミニミニ動物園(保育園などの団体受け入れ)、持ち寄り持ち帰り0円コーナー(不要な物が必要な人のところに届く取り組み)など。
- 作業の請け負いとして、チェーンソーでの庭木の伐採、ユンボでの庭木の伐根や簡単な整地と掘削、電気屋さんでの電気工事アルバイト、猟師として町の有害鳥獣駆除、危険なスズメバチの巣の駆除など。
- 農作物以外の生産活動として、薪づくりと販売、植物性完熟堆肥づくりと販売、堆肥づくりの一環でミミズ養殖とミミズの販売(ミミズコンポストは6年前から継続)、竹チップ・竹パウダーの生産と販売、ニワトリとウコッケイの卵(自然養鶏卵として)の販売、原木シイタケづくりなど。
- 教育活動として、オンライン英会話の補助とメンター(後方支援のアドバイザー)を担う家庭教師、留学希望学生への留学サポートと留学先のお世話、イングリッシュサマーキャンプの企画運営、食育としてのアイガモ・ニワトリの解体体験、ソーラー発電ワークショップなど。

これらは能力的にできることとして興味のあることが多いので、愉しみながら複数の収入を得ていくことができるかもしれない。体は一つなので、すべてできるわけではないが、周りの様々な人に協力してもらえる体制を築いていきたい。そうすることで、半X活動はさらに愉しく、関わってくれる人もみんながハッピーになれればと思う。

任期終了後に向けて準備をしていること

半農半X担当として3年間の準備期間を経て、土地利用型の複合経営をめざしながら有機果樹栽培の準備をすすめている。宅地・家屋・農地の取得、農地の借り受け、作業機械の導入など、半農半Xの範疇に収まらないかもしれないが、状況をお話しできたらと思う。

循環型農園づくり

第一の取り組みとして、循環型の農園づくりを地域おこし協力隊1年目からおこなっている。

将来的なイメージとして農園内では、ヤギやニワトリが走り回り、太陽光発電と小水力発電で電気エネルギーを自給、また年中水が流れる沢や雨水貯水タンクから水を自給し、コンポストトイレ、太陽熱温水シャワー、ドラム缶風呂を設置、農業機械運搬トレーラーを土台として小さな休憩小屋（モバイルハウス）を建て、外から人が訪れて農園内でキャンプができる仕組みをつくりたいと考えている。これは半農であり半Xでもある事業としてすすめている。

現状は、拠点農地の借り受け、ブラックベリー栽培と日本ミツバチの巣箱の設置（農園に2箱、シェアハウスに1箱）、地力を上げるための緑肥栽培、

稲刈り後の田んぼにヤギ、ニワトリを連れて（筆者）

農業機械運搬トレーラーの確保、太陽光発電のノウハウ蓄積、ヤギやニワトリ、アイガモ、アヒルの飼育までがすすんでいる。

シェアハウスづくり

第二の取り組みとして、空き家を取得し、生活と活動の拠点となるシェアハウスづくりをすすめている。

空き家取得に関しては、地域おこし協力隊として移住促進にも取り組んでいるので、普段から地域の空き家情報に触れることができていた。

また、直接空き家バンク担当（先輩にあたる協力隊ＯＢ）に相談。移住希望者が購入するには条件の厳しい長期間売れなかった物件（10年以上空き家で要改修、農地付きなので農地取得可能な広さ30ａ＝3000㎡、約3反＝900坪以上の耕作者、もしくは耕作予定者に限られる）を結果的に90万円ほどで購入することができた。

このシェアハウスは有機農業体験、半農半Ｘ体験、半エネルギー自給ハウス、移住希望者の滞在、学生の滞在、外国人の滞在など、いくつもの用途、ハブとなる地域の拠点として利用することを想定している。

移住体験の場　具体的には一つ目に、移住希望者の滞在場所として。町内には、数日単位で宿泊できる宿泊施設が民泊として1軒、協力隊ＯＢが開業している他には、数週間～1か月以上滞在できる場所がない。町としても移住促進を積極的におこなっているが、お試し滞在物件の用意までは実行できていない。

僕自身、シェアする暮らしが好きなので、管理人として住みつつ、他に3部屋個室を用意して、広いキッチンとリビングを共有部分として改築する。家の横には第二のお風呂（太陽熱温水シャワー）、コンポストトイレを設置し、風呂渋滞、トイレ渋滞を緩和する。もちろん家の中のトイレは清潔にした簡易水洗で、外のタンクに溜まった肥《こえ》は畑への堆肥として利用する。

滞在中に地域の農業に関わったり、町内や近隣地域を探索したりしてリラックスして過ごせる場所になればうれしい。

実践・体験の場　二つ目に、里山での暮らしや手仕事を経験したい若者や外国人が集うシェアハウスとして。僕の周りには、竹林での整備活動、タケノコ収穫、山林での活動、薪づくり、農園での活動、干しガキ用渋ガキの収穫作業と干しガキの加工作業、シェアハウスのＤＩＹリノベ、農作業、家畜飼育（ヤギとニワトリ）の手伝い、隣町のシェア農園手伝い、耕作放棄地の開墾作業、日本ミツバチ巣箱からの蜂蜜採取や重箱の追加、小屋づくりなど時期にもよるが、希望すれば様々な取り組みを用意している。

大学での地域を題材にする論文研究としても大歓迎だ。もちろん、ボランティアというかたちではなく有給、無給（滞在費・食費の免除）と2パターン選択できる。どこかのタイミングでＷＷＯＯＦ(4)（ウーフ）に登録し、有機農家であるホストとして、日本全国・世界各国のウーファーを受け入れられる態勢を整え、日本人と外国人が交流できる場所となればとてもうれしい。

有機果樹栽培で新規就農

第三の取り組みとして、数年先の有機果樹栽培農家をめざして準備をすすめている。

任期終了後の4月から、町役場のサル巡視業務委託を受けるかたちで活動をすすめている。シフト制で週に2日程度、午前と午後の町内見回りに加え、サル出没の通報があった際に現地に駆けつける。

業務時間内の日中は、通報への即時対応ができる態勢を整えた状態で農園での作業をすすめることができる。これで、ベースとなる生活費（独身男性一人分）一月当たり7~8万円は確保できるので、先に挙げた三つの取り組みをすすめて収入を安定させ、好きなことでやっていけることをめざす。

竹林整備作業のときのひととき

栽培品目はブラックベリー、ブルーベリー、レモンを主力に、1年目2年目と苗木の準備をしており、畑とプランターで実験的に育てている。

他にも、有機大豆栽培と前からやりたいと思っている果物豆乳カフェ（豆乳のみ、豆乳と果物の組み合わせ、インドネシアから取り寄せるカカオでのチョコレートドリンク、アボカドドリンクなど）の開業、加工品づくりの組み合わせや、有機ブルーベリー観光摘み取り園など、どこまでできるかわからないが、数年先でいくつかの可能性を考えている。

複数のXとスロー そして生かし合うつながり

2020年12月に休暇をもらい、栃木県那須郡那須町、非電化工房の藤村靖之先生の下で3日間（2泊3日）ボランティアスタッフとして滞在した。農作業、ヤギとニワトリの飼育、ものづくり、薪割りなど当時の住み込み弟子3名に教わりながら自給自足のライフスタイルを体験。朝、昼、晩の食事が本当においしく、心身ともに栄養をたっぷりと補充できた。3日間であったが、得たものは非常に多く、藤村先生は個別に2〜3時間話す機会を2度も設定してくださった。

非電化工房の藤村靖之さん（左）とともに

今必要なのは、発想の転換

藤村靖之著『自立力を磨く』（而立書房）のエピローグの章から、半農半Xに通ずる言葉を抜粋し紹介したい。

〝アインシュタインはこう言ったそうだ。「ある問題を引き起こしたのと同じマインドセットのままでは、その問題を解決することはできない」と。人類の生存が危ぶまれるほどの深刻な環境危機を前に、しかし、僕たちはいまだに、その危機を引き起こしたのと同じマインドセットのままで、その問題を解決できるかのように思い込み振る舞っている。化石燃料がだめなら原子力で、原子力が危険なら再生可能エネルギーで、食料危機なら遺伝子組み換えで、経済成長が問題なら、持続可能な開発で……という具合だ。〟

〝アインシュタインは、こうも言った。「狂気。それは同じことを繰り返しながら別の結果を望むこと」と。いま僕たちは狂気の時代を生きているのかもしれない。〟

〝そして僕たちはいま、文明の転換期を生きていることも間違いない。いまの狂気の時代を乗り越えなければ、次の文明の扉を開くことはできない。次の文明は平和で持続的であってほしい。不安のない社会であってほしい。自由に、クリエイティブに、誇り高く生きることができる人生であってほしい。狂気を招いた世代の一人としての責任を痛感しつつ、そう願わずにはいられない。〟

〝自立力を高め、共生力をも高める。それは、狂気の時代を愉しく生き抜くための確かな選択肢の一つだと僕は思う。努力がいるかもしれないが、辛さを愉しさが上回れば、努力すること自体が幸せに繋がる。〟

非電化工房にて3日間寝食をともにして藤村先生の人となりや考えに触れることができた。この最後の二文にも、先生の優しさと次の世代への想いが託されているように思う。

マインドセットのリセットと、生活を立て直すこと、同じ方向を向いた仲間がいて愉しみながら自分の好きなことで生きていくこと。この三つは、近年の立ち行かなくなってきている社会に微かな希望を与えてくれるかもしれない。そして同様に「半農半X」のライフスタイルとその取り組み様式が、この先の日本の希望になると思っている。

ナマケルこと、つながること

ほかにも、『スロー・イズ・ビューティフル』（平凡社）の著者であり、文化人類学者の辻信一氏が世話人をつとめるナマケモノ倶楽部[5]の会員になり、「Be The Forest！（森になろう！）」や「ミツユビナマケモノのように生きよう！」というスローガンの下、オンラインにて活動に参加している。また、NPOグリーンズ[6]による「いかしあうデザインカレッジ」にもオンラインで参加し、あらゆる人、生物、資源の可能性が活かされる持続的な関係性をめざす「いかしあうつながり[7]」を学んでいる。

がんばらずに、スローに、好きなことで、仲間と一緒に、いろいろなことをして、お互いに重なり合って生かし合える部分を意識した生活を築いていくことをめざして、毎日の半農半X活動をおこなっています。近くに来ることがあったら、ぜひ遊びに来てください。歓迎します。

〈注釈〉

（1）福岡県には大まかに4つ、福岡地域、北九州地域、筑後地域、筑豊地域があり、僕の地元の田川市、現在暮らしている田川郡香春町は筑豊地域に分類される。

（2）総務省による地域おこし協力隊募集公式ページより（https://www.iju-join.jp/）

（3）合鴨農法（合鴨水稲同時作）は、福岡県嘉穂郡桂川町の古野隆雄氏が1990年代に提唱し、全国的に認知されるようになった。水稲作にアイガモを利用し、有機稲作においての五つの実際的な技術効果に加え、アイガモに接することでの癒しや子どもの食育・教育としての派生効果が期待される。

（4）WWOOF: World Wide Opportunities on Organic Farms（世界に広がる有機農場での機会）の頭文字。有機農場を核とするホストと、そこで手伝いたい・学びたいと思っている人（ウーファー）とをつなぎ、お金のやりとりのない、人と人との交流を提供する。

（5）ナマケモノ倶楽部はつながりを大切にする『スローな社会』をめざし、①環境運動（森林保全、多様性保持のための活動）、②文化運動（低エネルギーなライフスタイルの提案と実践）、③スロービジネス（フェアトレード、社会的起業の応援）の三つの柱で活動を展開している。様々なイベントやセミナーをおこない発信することで、『スロー』を世の中に広げ、大きな流れ（ムーブメント）をつくっていくことをめざす市民団体（NGO）。

（6）関係性のデザインを探究して「いかしあうつながりがあふれる幸せな社会」をめざす非営利組織。WEBマガジン「greenz.jp」にて日本全国、世界各地の「いかしあうつながり」事例を発信している。

（7）誰にでも、どこでも実践できる永続する文化創造活動であり、一人一人にとっても、人類全体にとっても学びと成長であり、壊れつつある地球の修復作業であり、人類史上初めての、地球と調和した文明をつくる試み。

第3章

報告 半農半Xの動態と地域的展開

貸し菜園での秋野菜の種のまき方を説明
（ぴたらファーム＝山梨県北杜市）

それぞれの価値観をもとに
地域に根ざした暮らし方・働き方

■

にいがたイナカレッジ（新潟県長岡市）

阿部 巧

にいがたイナカレッジとは

にいがたイナカレッジとは、「ムラに学ぶ・ヒトに学ぶ・自分らしいライフスタイルを実現する」というキャッチフレーズを掲げ、農山村にIターンして、自分に合ったライフスタイルを見つけ、創り上げていくインターンシップ・プログラムのこと。農村集落・団体が受け入れ先になり、都市部の若者が長期（1年）、短期（1か月程度）という期間で、農村の暮らしや農業、地域づくりなどを学ぶ。２０１２年にスタートし、プログラムへの参加者は、長期で43名、短期では１００名を超える。

２０１２年は、東日本大震災・福島原発事故の翌年。人々の暮らしの価値観が大きく揺らいでいるときであった。地方への動きとしても２００９年には総務省が「地域おこし協力隊」事業をスタートし都市部在住者の地方移住を促進し、２０１４年には

「地方創生」なる言葉も登場した。イナカレッジがスタートしたのは、国策的にも首都圏への人口集中を是正するための取り組みが始まった頃だった。

同プログラムの修了者は、そのまま地域に移住した者、移住しないものの地域の人たちといい関係を築き長く交流を続け、地域づくりの応援者になっている者など様々だ。

彼らの多くは、プログラムに参加して「（ムラの人たちを見て）こんな大人に自分もなりたい」「こうした暮らしを自分もしたい」「集落が掲げる地域づくりの考え方に共感した。自分もムラの一員になって一緒に地域づくりをしていきたい」という気持ちを持ったという。一言で言うならば「ムラの人の暮らしや生き様に共感した」と言えるだろう。そこでイナカレッジのプログラムでは、暮らしや人の魅力を伝えるためには、なにより参加するインターン生と地域の人たちとの関係性づくりを大事に考えている。

この地域への共感は、移住促進を考えた場合でも、「この地域で暮らしたい」という目的をつくるうえで重要だ。安易な「地方へ」というブームの中で、仕事や住まいの条件面だけで移住しても地域となじむことは難しいだろう。「半農半Ｘ」の文脈で考えても、その土地、つまり農村での暮らし方・価値観への共感なしには成立しないだろう。なぜならそこへの共感がなければ、わざわざ農村に住む必要も、半農をする必要もないからだ。

移住者たちの暮らしと仕事の実際、時間と収入

実際に農村に移住した人たちの暮らし方・働き方を見ると、まさに農村で暮らす価値観、また、その人の人生観や仕事観を感じることができる。そして働き方は、一つのところに勤めるようなかたちではなく、より自由度の高く、農作業なども含めて複数の仕事を組み合わせるスタイルになっていることが多いことに気づく。

そこで私たちは、2017年に、その暮らし方・働き方を可視化するために、イナカレッジプログラム参加者や、親交のある移住者たちに、その暮らし方・働き方の実態調査をおこなった。ここではその調査の一部を紹介するとともに、次項で3名の方をより深くインタビューした内容を紹介する。

インターン生を受け入れる地元農家（中央）

地元農家（右）はインターン生に田畑を貸し与え、実践をサポートする

キノコ採集など地域の暮らしを伝授

調査では、暮らし方、働き方を表すために次の二つの視点を設定した。

①**時間の使い方**……自身の有限な時間を何に使っているのかということから、その人が何を大事にしているのかという価値観を探る。

②**生計の立て方**……自分の価値観がどうあれ、収

入がまったくないわけにはいかない。その収入をどう得ているのかで働き方を探る。

調査対象者の方には円グラフを渡して「何にどれくらい時間を使っているのか」「収入を何でどれくらい得ているのか」の割合を書いてもらった。その6名の結果についても紹介する。

唐沢頼充さん（新潟市）

フリーのライターと、まちづくり系ＮＰＯ法人の仕事と二足のわらじを履いて働いていた。子どもの誕生をきっかけに、自然に近い場所で子育てしたいとこれまで通っていた農村に移住。仕事と個人タイムを減らし、家事・育児や地域活動に時間を割けるように働き方を変えた。収入は、ライター業、ＮＰＯ法人での仕事となっている。稼げる仕事でしっかり稼ぎながら、移住した地域での農的な暮らしを楽しんでいる姿が見える。しかも稼げる仕事の時間的ボリュームをもっと増やせば、収入も増やせるという。しかし、この時間バランスが彼にとってのこの時点でのベストなのだろう（図3－1）。

図3－1　唐沢頼充さん

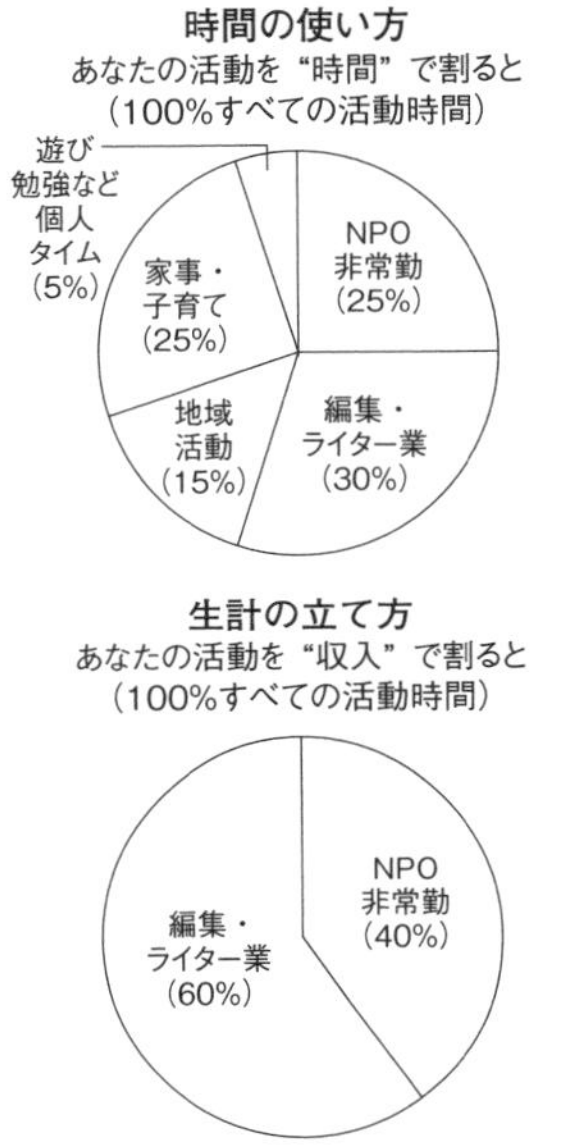

山縣洋之さん（長岡市／柏崎市・イナカレッジインターンＯＢ）

狩猟や山菜・キノコ採集の暮らしがしたくて移住。グラフには表れていないが、冬季は狩猟をするために仕事を入れていない。地域のキノコ園を引き継いで、個人事業としてキノコの生産・販売をおこなっている。春～夏にかけてはアルバイトで農業法人の田んぼの仕事をしている。春～夏の農業バイトで必要な金を稼ぎつつ、個人事業のキノコを徐々に伸ばしていく、冬の狩猟は稼ぎとは関係ないというのが山懸さんのバランスになっている（図3－2）。

山崎智仁さん（柏崎市）

専業の米農家で、冬は除雪で収入を得るという雪国らしい農家スタイルだ。山崎さんに特徴的なのは、農業のオンシーズンも含めて、地域活動の時間をそれなりのボリュームでしっかり、グラフに書き込んでいることである。地域活動というのは、住んでいる集落・地域のコミュニティ活動、まつり、移住者ネットワークの活動だ。山崎さんが稼ぎとは別

図3－2　山縣洋之さん

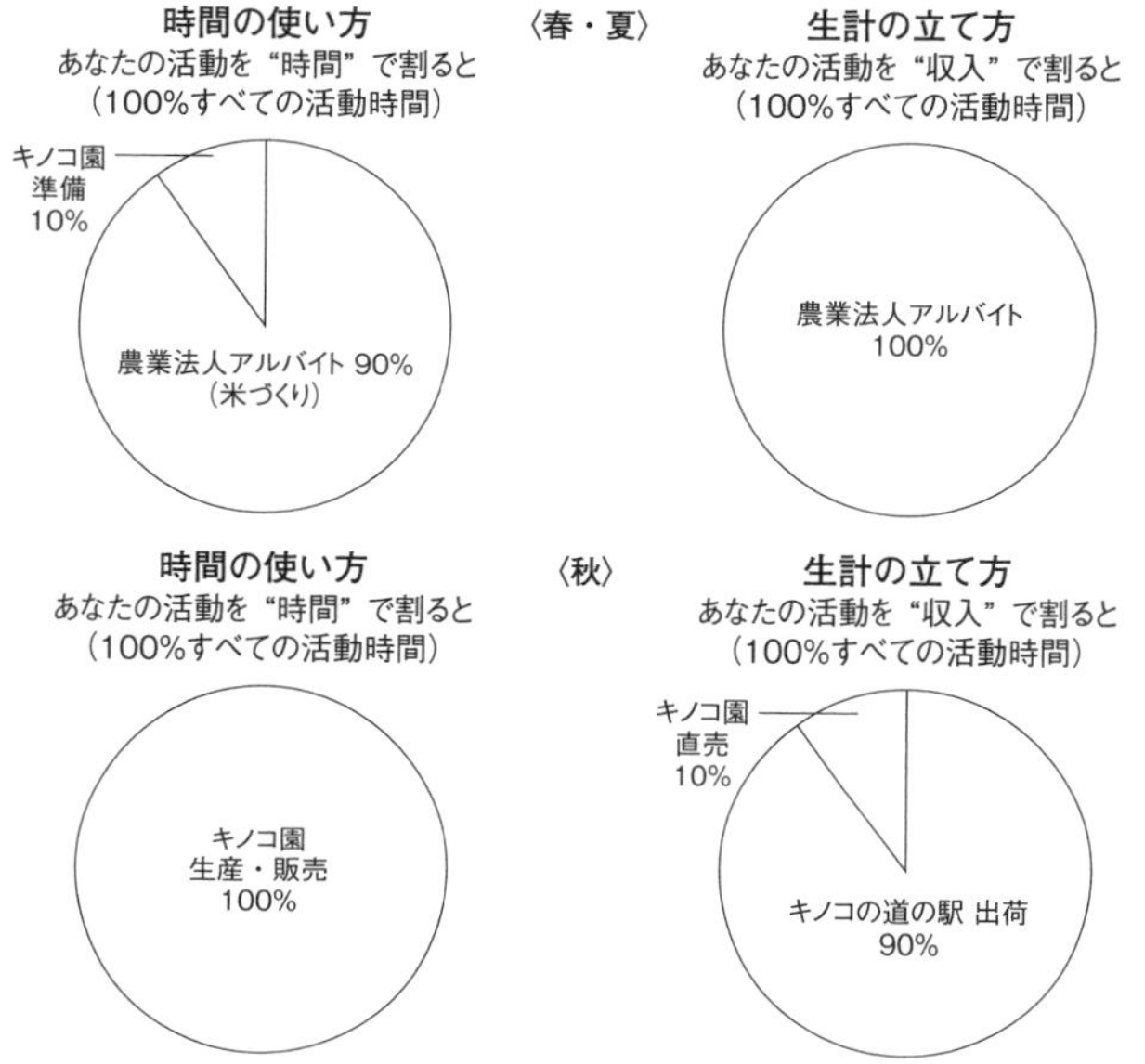

図3－3　山崎智仁さん

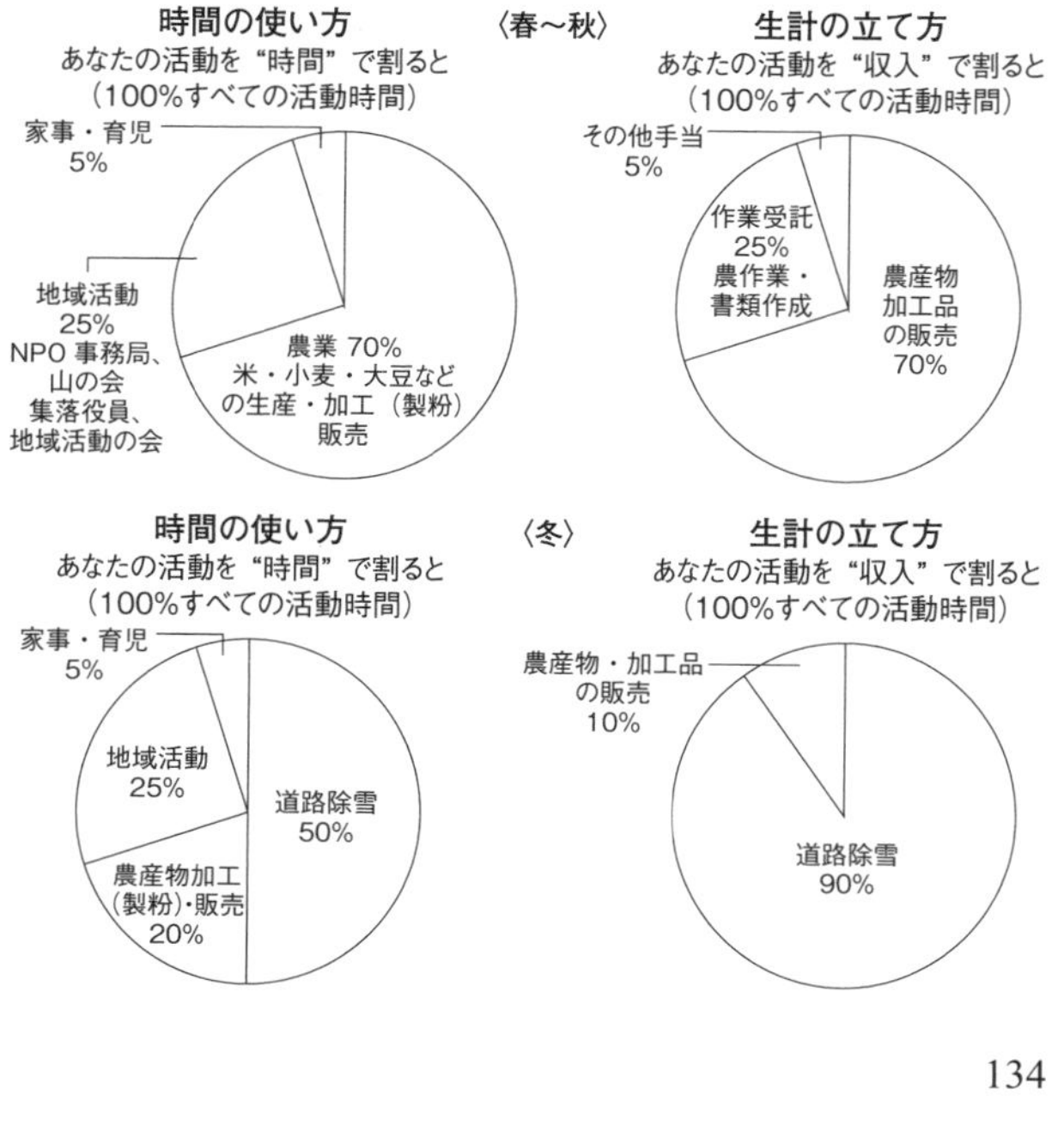

に、そのような地域活動を大事にしていることがわかる（**図３－３**）。

会田法行さん（十日町市・イナカレッジインターンＯＢ）

図３－４　会田法行さん

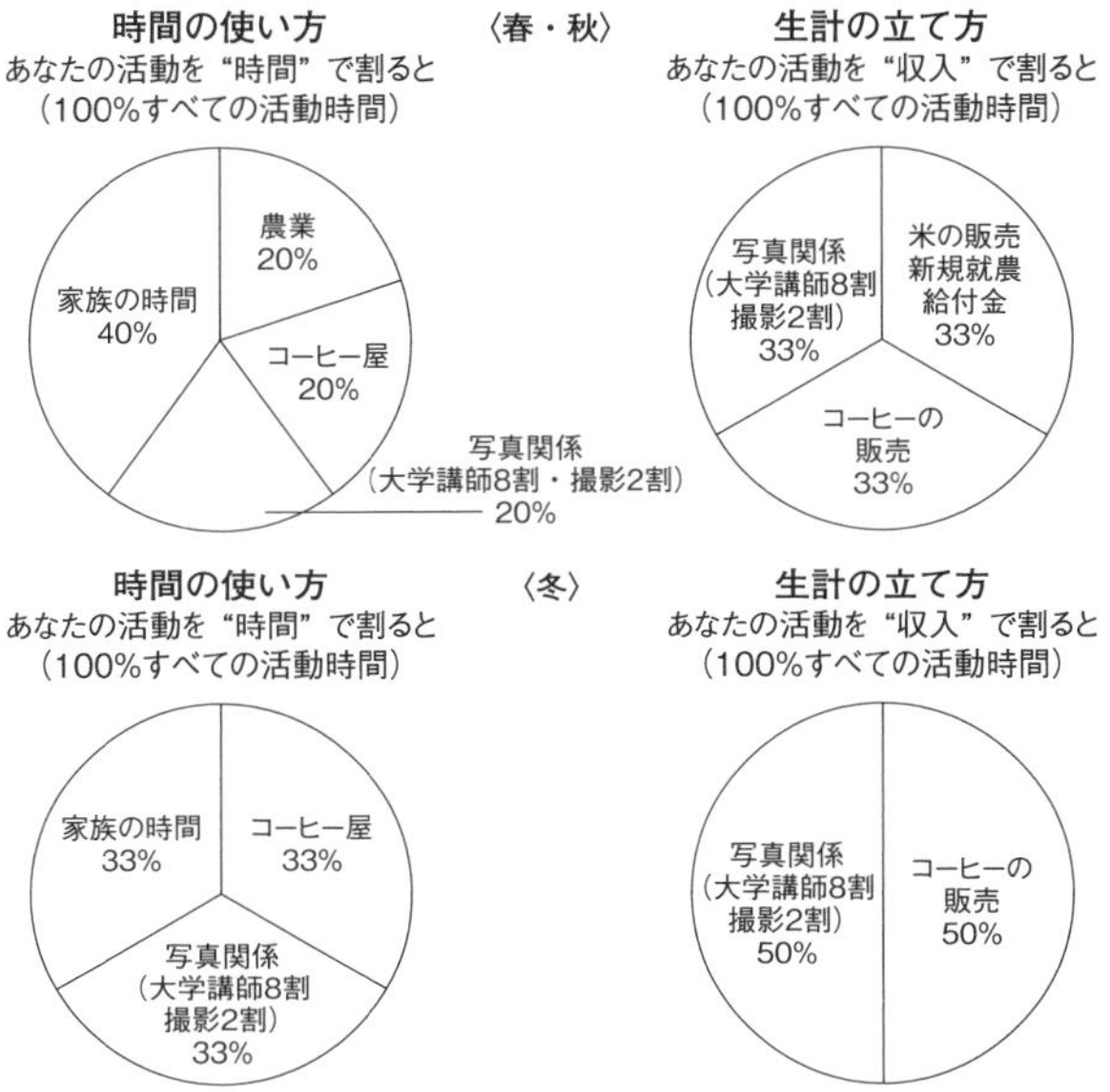

元・フリーの報道カメラマンとして働いていた。移住後は、無農薬無化学肥料の米農家、自家焙煎のコーヒー屋、写真関係の仕事（大学講師８割・撮影２割）という三つの仕事をしている。時間も収入もほぼ３等分。ただし農業は新規就農の給付金を含めての割合になっている。（**図３－４**）。

森孝寿さん（十日町市・イナカレッジインターンＯＢ）

元・個人開業の整体師として働いていた。時間は24時間を分割して書いている。無農薬無化学肥料の米農家で、稼ぎを目的にネットで仕事をしている。

図３－５　森孝寿さん

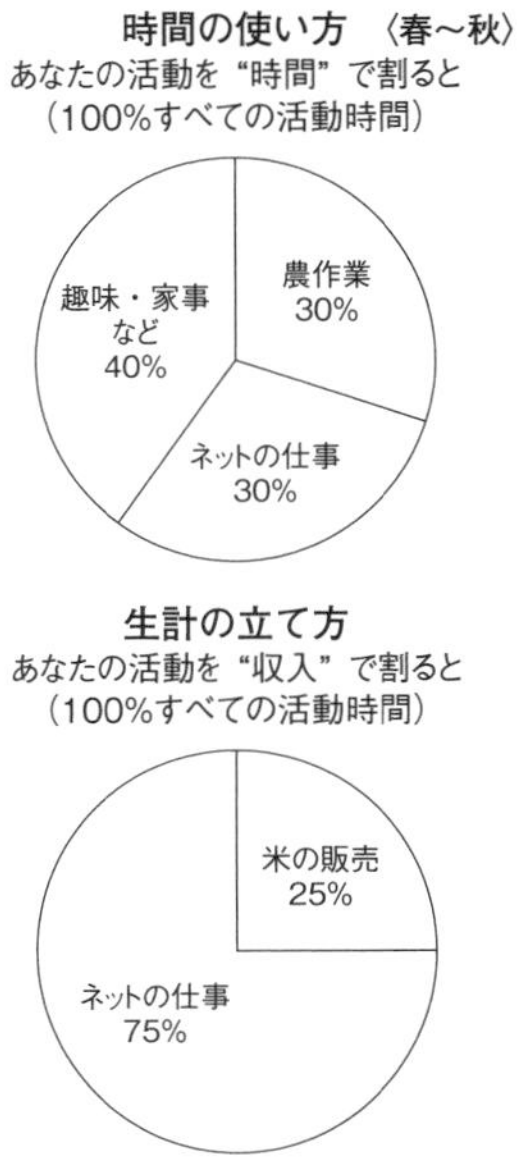

冬季間は、県外のスキー場や温泉地で出稼ぎをしている。整体師としての仕事は現在していない（図3－5）。

清野憂さん（小千谷市）

地域おこし協力隊として移住。現在は、個人事業として菓子製造などをおこなう「ポレポレ工房」を中心に、事務仕事請負、アルバイトで農業法人と農家レストランの仕事をしている。そして趣味を兼ねた田畑を耕作している。収入は事務請負とアルバイトで約7割を占める（図3－6）。

図3－6　清野憂さん

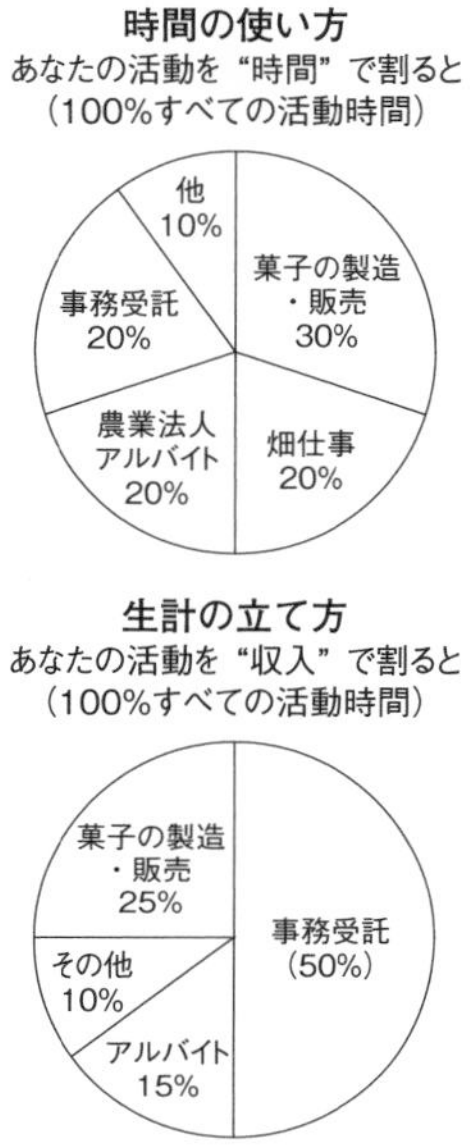

この6名のデータから、暮らし方・働き方の共通項を見つけるために、その活動を大きく三つに分類した。

①農的な暮らし・仕事（いわゆる半農）

まさに農村に暮らしているからこそできる活動。このような暮らしがしたくて移住してきているので、前提と言えるだろう。具体的には田んぼをはじめとした農業、狩猟やキノコ栽培なども含まれる。

②自身のライフワーク（いわゆる半X）

移住前からの元・本業など、自分のライフワークとなる活動。具体的には、会田さんのカメラや森さんの整体、清野さんの菓子製造、唐沢さんのライター業や山崎さんの地域活動なども含んでいいだろう。

③必要なお金を稼ぐための活動

その名の通り、必要なお金を稼ぐためにやっている活動。具体的には、山崎さんの冬季除雪や森さんの冬季出稼ぎは、新潟で古くからある定番の仕事。また山縣さんの農業バイト、会田さんのコーヒー屋、森さんのネットの仕事、清野さんの事務請負やアルバイトだ。

理解をすすめるために、このように三つに分けてみたが、当然このように明確に分離できるものではない。お金を稼ぐためではあるが、ライフワークと言えるし、その逆もしかりだ。

ここで注目したいのは、①農的な暮らし・仕事、②自身のライフワークに関して、お金を稼ぐことを追求していない、もしくはまったくお金を稼ぐこととは切り離しているという点だ。

円グラフを見ると、専業の山﨑さんやバイトの山懸さんを除き農業が収入へ貢献していないことがわかる。少なくとも規模面、農法面からも稼ぐことを追求しているわけではない。②のライフワークに関しては、会田さんにしても、森さんにしても本業にしていた稼げる仕事をほぼやめている。唐沢さんも稼げる仕事のボリュームを抑えても農的な活動への時間を割いている。

もちろん①②が稼ぎにもつながっている方もいる。ただ、時間の使い方やそのなかでの稼ぎ方というところに、ただ単にお金を稼ぐということとは別の価値観が大きな影響を与えていることがわかる。もっとはっきり言えば、みな稼ごうと思えばもっと稼げる。しかし、それ以上に大事にしていることが他にもあるのだ。

次からこの調査から見えてきた半農半Xの暮らし方・働き方をより理解するために、3名の方をより深く紹介したい。

生きるためのバランスが大事 ——会田法行さん

会田法行さんは、横浜から十日町市へ移住した元・フリーの報道カメラマンだ。にいがたイナカレッジの長期インターンシップを活用している。現在、画家の奥さんと5歳になる息子さんの3人暮らし。無農薬無化学肥料の「米づくり」、自ら焙煎からおこなう「コーヒー屋」、「写真関係」の仕事として早稲田大学での週1回のジャーナリズムの講師、写真撮影。

この3足のわらじの中で写真撮影の仕事はそれほど重きが置かれていない。働く場所にも縛られないその仕事は、半農半Xの「X」としては最適なのではと感じてしまう。さらに言えば、筆者のようななんの技術も専門性もない人間にとって、フリーのカメラマンという仕事は、とてつもなく魅力的に映る。その仕事をわざわざ捨てる意味がわからないと思ってしまう。

しかし、会田さんは仕事としての写真の撮影にまったくこだわっていない。そこにこそ、会田さんの現在の生き方、仕事への向き合い方という価値観が現れている。そのことを明らかにするため、会田さんの移住のきっかけから、現在の暮らし・仕事を紹介しよう。

根を張って生きるために

会田さんが移住をしたのは、カメラマンとして世界中を移動して仕事をする生活に区切りをつけて、どこかの地域に「根を張って生きよう」と考えてのことだった。

そう考えるきっかけとなったのが、東日本大震災を取材したときに出会った福島の人たちの「何年かかってでも故郷に戻りたい」という言葉だった。その訴えに何の疑問もはさむ余地はないと感じるが、会田さんは違った。「福島の人たちの土地に対する想いを頭では理解できても心では理解できなかった」と言う。

会田さんは、その理由を「自分には先祖代々受け継いでいる土地もないからだ」と話す。横浜で生まれ育ったが、どうしてもと横浜に執着するという気持ちはない。そして「(その人たちの気持ちが) わからなかったから、自分も一つのところに住んでみたいと思った」と言う。また、報道カメラマンとして中立な傍観者でいるよりも、自分自身も根を張り何かを体現する側になりたいという気持ちもあったという。

移住先が新潟だった理由は奥さんの実家があることが大きい。大地の芸術祭などのきっかけもあり、何度も足を運ぶうちに十日町が気に入ったのだ。

ミスマッチによる米づくりのジレンマ

この地に「根を張るため」に「ここに住むなら田んぼをやろう」と米づくりを始めた。つまり農業をすることが目的で移住したわけではない。会田さんにとって、この地に根を張るためには、この地の人々がおこなってきた米づくりをやる必要があったのだ。

地域に根を張る生き方を実践する会田法行さん

米づくりをしていると、日々のあいさつも会話も米づくりのこととなり、最高のコミュニケーションツールとなる。

先輩移住者の無農薬での米づくりを学び、現在耕作する田んぼは4反分ある。収穫は十数俵。慣行農法であれば、4反あれば30俵近くの収穫があるが、その半分以下である。もちろんもっといい米をつくりたいと勉強中の身ではあるが、田んぼを増やし、収量を増やし、米の売り上げをもっともっと上げていきたい、とは考えていない。

それよりも、悩みは「つくりたいもの」と「届けたい人」がマッチしていないことだと言う。つまり、自分のつくりたい無農薬・稲架《はさ》かけの魚沼産コシヒカリだと値段が高くなりすぎて（1000円／kg、一般的なお米の3～4倍）、経済的に余裕のある人しか買えないものになっている。

しかし、米を届けたい相手は、インスタグラムでつながっている全国にいる「ママ友」なのだ。インスタグラムを見て「離乳食に使いたい」「お食い初めで使いたい」という連絡をもらうことがある。これほどうれしいことはないが、簡単に手が出る値段ではない。

「完全に売りたいところに米が行っていない。でも今の値段以下で売ることは難しい。ただのボランティアになってしまう。そこがジレンマ」と話す。

それでも自分のために、家族や親戚、顔の見える関係の人たちに届けるために、米づくりは一生続けて行きたいと言う。「自分のつくりたいものをつくって、自分が届けたい人に届ける」これが会田さんの仕事の価値観なのだ。

実はこの価値観は、カメラマン時代から培われてきたものだった。写真も誰に伝えたいのかということをとことん考え、児童書をつくってきた。その価値観が、残念ながらお米では実現できていないのだ。

天職であるカメラを手段にしたくなかった

冒頭の移住後、写真撮影の仕事に重きを置かなくなった理由に話を戻す。会田さんは「カメラマンの仕事って『自分でやりたくてやる仕事』と『人から依頼されてお金になる仕事』という二つがある。十日町に来たときに、後者はもうやらなくていいやと思っていた。写真なんてパーソナルなものなので、人のために撮るよりも自分のため、自分の家族のために写真を残したい」と話す。

このような考えに至った背景には、カメラマン時代に「僕のなかで写真が手段ではなく、目的になっているような気がしていた。カメラマンで居続けるために写真を撮っているような気がしてならなかった」という。つまり、自分が撮りたいものがあるから撮るのではなく、お金を稼ぐために撮っていることにモヤモヤを感じていたのだ。

そのような気持ちから移住後は自然と家族や身の回りの暮らしにレンズを向けるようになった。ここ

移住後、カメラは家族に向けられるようになった（撮影＝会田法行さん）

にも「何のために撮るのか」「誰に向けて撮るのか」という会田さんの仕事の哲学が見える。

一応補足をしておくと、地元の人たちからの依頼は喜んでお受けするし、カメラマン時代の関係でくる仕事も年1回程度はやっているし、自分のテーマで児童書をつくることは続けていきたいという。顔の見える地元の人たちのためには喜んで撮るというところに会田さんらしさが見える。

コーヒー屋が理想的な仕事だったわけ

お米でも、カメラでも稼がなければ、何で必要なお金を稼ぐのか。そこでコーヒー屋が出てくる。会田さんは「コーヒー屋は人生で初めて仕事している感じがある。というのは、これまでで一番お金を稼ぐためにどうしたらいいかと考えながらやっているる」と話す。移住前にお金を稼ぐためにやってきたカメラの仕事を、コーヒーとか農業に置き換えられたらいいと考えているのだ。

会田さんはこれまでコーヒー屋で働いたこともな

ければ、もちろん焙煎なんてしたことがなかった。カメラと違ってまったくのゼロからのスタートだった。そもそもコーヒー屋を始めたのは、十日町に来て自分が味や予算面からも満足できるコーヒー豆を調達できなかったことから、それなら自分でやってみようと思い立ったことが最初だ。

自分で焙煎するというのは、実は農村での人々の暮らしに影響を受けている。「こっちの人って、ないものは自分でやるじゃない」と、すぐにお金で解決するのではなく、自分でできることはやるという農村暮らしの精神がその底辺に流れている。そして自分のために始めたコーヒーは今や集落近くにあるキャンプ場の施設でテイクアウトのコーヒーを提供するまでになった。

このコーヒー屋の仕事は「自分のつくりたいもの」を「届けたい人」に届けることができた。米ではできなかったことだ。コーヒーは1杯350円、日常使いされるようなカフェのコーヒーと同じような値段。つまり誰でも払える値づけができた。

その結果、会田さんのコーヒー屋には、外から訪れる人ももちろんいるが、息子の保育園のお友達家族や、農作業中の休憩にと集落のおばあちゃんたちが来てくれるようになった。

コーヒー屋をやることで「地元の人たちといい関係が築けてきたのがなによりうれしい」と話す。大事なのは観光客ではなく顔の見える地元のお客さんなのだ。

暮らしのバランス

ここまで会田さんの働き方を見てきたが、当然ながらこれは試行錯誤の結果だ。会田さんは住まいも近隣ではあるが一度替えている。会田家では、家族にとってよりよい環境をつくるために家族で「今の生活に必要なこと、捨てることなどを会議する」のだと言う。その結果、移住当初に住んでいたカヤぶきの家を自分たちで守っていくことはあきらめた。がんばり過ぎて、疲弊して生活も楽しめなくなった時期もあったのだという。「背負い過ぎない。生きるためのバランスを考える」ことが大事だと話してくれた。

稼がなくてもいい環境とは ―― 森 孝寿さん

森孝寿さんは、２０１６年に十日町に移住してきた。現在、無農薬無化学肥料栽培の米農家である。にいがたイナカレッジの長期インターンシップで、池谷・入山集落で活動するＮＰＯ法人地域おこしで１年目から６反もの田んぼを預けられ、いきなり実践を通して米づくりを学んだ。その後、その田んぼをそのまま引き継ぎ、同集落で米農家として独立している。

森さんの暮らしで何より目を引くのはその住まいだ。昨春（２０２０年）から、軽トラックの荷台に載せることができる小屋、通称「軽トラハウス」を自作した。その小屋を自身の田んぼ脇に置き生活をしている。

春から秋は田んぼの脇で、午前中農作業をして、午後からは市内の図書館でインターネットの仕事をするという生活をしている。収入の４分の１は米、４分の３はインターネットの仕事だ。雪が降り積もる冬は、軽トラに小屋を載せて県外のスキー場や温泉地に出稼ぎに行くという生活をしている。

写真を見てもらえればある程度わかるが、正直かなりサバイバルな生活である。森さんの目標は「生活のために稼がなくていい環境をつくること」だという。

そんな自作の小屋に住み、無農薬無化学肥料（さらには無除草）で米づくりをおこなう森さんが、今の暮らしに至った理由、そしてその暮らしぶりを紹介する。

自分で食べ物をつくれるようになろう

森さんは十日町に移住する前は、生まれ育った愛知県で個人開業の整体師として働いていた。そこで「整体師として人の健康を探求するうちに、食の大切さに気づき、流通している食材の汚染状況を知るようになった」と言う。「それなら自分で食べ物をつくれるようになろう」と考えたのが移住のきっかけだ。

移住1年目から始まった米づくりも6年目を迎えている。反収は2俵。慣行農法の3分の1から4分の1程度の量だ。販売はＮＰＯ法人地域おこしに「無農薬無化学肥料のはざかけ米」として出荷し消費者の元に届けられている。

田んぼの所有は3年前から自身の名義になっている。そのことで、より自分のやりたい米づくりをすることができるようになったと言う。森さんの理想は、「自然の法則に従った、人の手が思った以上に必要ない、人的にも資源的にも持続可能な農法」だ。

「自分なりに考えた方法でやってみる」ということが目的なので、「ろくに収量が上がらなくたってなんとも思わない」。やっているうちに、どこかの書物に書いてあったわけでもない、自分自身がやってみての発見があるという。そうやっているうちに、自分のやりたい農法で、もっと収量も上げられるのではないかとも思っているという。

田んぼの脇に住んでみよう

生活の拠点である軽トラハウスを始めたのは「ただ単純にやってみようと思ったから。ただ正確に言うと『おもしろそうだからつくってみよう』ではなく『田んぼの脇に住んでみよう』だった」という。

移住当初、池谷集落中心部にある移住者向けシェアハウスに住んでいた。田んぼは、そこからさらに山深い入山集落のさらに奥にある。そんなに遠いわけではないが、毎日管理に朝夕行くのにはやや遠く感じる距離だ。田んぼの脇に住めればそれは便利だと考えた。経済的にもシェアハウスの家賃・月3万円が浮くのも正直大きかったと言う。

軽トラの荷台サイズなので、大体190×140㎝くらい。真っすぐ寝れば、頭の上も足先もわずかなスペースしか空かないほどだ。森さんは、そこに

自らつくった軽トラハウスで自給自足生活を実践する森孝寿さん

斜めにハンモックを張って寝ている。食事は小屋の中にある小さな薪ストーブで調理をする。

夜寝ているとすぐ外でイノシシの「フゴフゴ」という鼻息が聞こえることもよくあるそう。明るいうちはまだしも、夜は本当にただ真っ暗な世界だ。しかし「ここに住んでいることで寂しさを感じることはない」という。

ここでの生活の熱源の基本は薪だ。森さんは、現在の軽トラもガソリンではなくて、電気にしたいと考えている。食べ物をつくるのと合わせて、エネルギー自給も大きなテーマだ。

他人に後生に迷惑をかけたくない

森さんはなぜこのような暮らしを選んだのか。森さんは、自分のことをよくこんなふうに言う。「基本、自分さえよければいいという人間だ」と。大学卒業後、就職はしたが3年で辞めている。

ここでわかったのが、自分は組織の利益のためとか、周りに合わせるために自分を殺すことは絶対にできないのだということ。そういう意味でここでの暮らしは、実に自由ではある。

ただそれは自分勝手なわけではなく「他の人に迷惑をかけることはしたくない。さらに言えば、自分の後の人（後生）にも迷惑をかけたくない」と言う。そのために、「食料をつくるために土壌を汚染したくない」「食料、エネルギーを自給したい」という想いなのだ。

生活の基盤が整うとは

自給率を上げることは目標だが、それにしても必要なお金はあるはず。それに森さんは「整体師」という手に職を持った人だ。稼ごうと思えばある一定のお金を稼ぐことはできるだろう。

しかし移住後、整体の仕事はしていない。整体はそもそも母校の野球部の役に立ちたいと思って始めたこと。初めはお金を稼ぐことが目的ではなかった。

「でも整体はライフワークなので、自分の生活基盤が整ったらまたやろうと思っている」と話す。

森さんにとって整体とは、お金を稼いで生活基盤を整えるためのものではなく、生活基盤が整ったらやりたいライフワークなのだ。

このように聞くと「森さんにとってお金ってなんだろう？　生活基盤が整うってなんだろう？」という疑問がわいてくる。冒頭の言葉に戻るが、森さんは次のように言い切る。

「究極的に言うと稼げなくてもいいと思っている。お金というのは外部の市場経済が必要なときにだけ使えばいい。基本は自給コミュニティをつくればいい」と。

限りなく自給状態をつくることが、森さんにとっての「生活の基盤が整う」ということなのだ。

農的な暮らし、自給自足の暮らしをつくること、それをあわよくば次の世代に伝えていくことそのものが森さんの生き方なのである。

共感してもらえるものづくり
――清野 憂さん

清野憂さんは２０１４年7月に小千谷市岩沢地区に地域おこし協力隊として移住した。地域おこし協力隊として3年間、地域団体「岩沢アチコタネーゼ」のメンバーの一員として、農家レストラン「山紫」と農家民宿「へんどん」の運営を中心に、団体がおこなう交流事業などに従事した。

現在は、個人事業として菓子製造などをおこなう「ポレポレ工房」を中心に、事務仕事請負を二つ、農業法人で週2日、農家レストランで週2日ランチ補助のアルバイトをするなど多種の仕事をしながら、仕事と趣味を兼ねた田畑の耕作もしている。

ポレポレ工房は、地域おこし協力隊の任期終了後に起業した。「地域の食材を加工して提供する」というコンセプトで、米粉を使った焼き菓子やパン、地元野菜のカボチャなどを使ったプリン、シフォンケーキなどのスイーツ、ほかにもお弁当などの注文にも応えている。

「ポレポレ工房」について「気持ちとして増やしていきたいけど、収入を得るための仕事にしたくない」と言う。一見、起業間もないポレポレ工房の収入を補うために、事務請負やアルバイトをやっていると見える。しかし、清野さんはポレポレ工房を収入のためだけの仕事としてはとらえていないし、ほかの仕事もつなぎでやっているわけではないのだ。ここでは、清野さんにとってそれぞれの仕事はどんな意味を持っているのかを紹介しながら、彼女のここで生きていく価値観を探っていきたい。

菓子製造を主に「食」をテーマとして

清野さんはもともと栄養学をやっていて「食」が自身のテーマとしてある。食を考えるうえで「都会でも飲食に関わる仕事はできるけど、もっと本質的なことができるのが地方だと思った」と言う。本質的なこととは、流行によって変化する食ではない、地域に根ざしたぶれない食文化のことだ。そんな思いから「農家レストラン」の仕事で募集をしていた地域おこし協力隊に応募した。

ポレポレ工房では「自分が食べることが楽しみ。それを人にも感じてほしい」と「気持ちの充実」を何よりも大事にしている。そのこともあって、お客さんの様々なオーダーに対応している。この取材をした日につくっていたオーダーケーキは、アレルギーがある子ども向け。グルテンフリーの米粉生地で、ほかにも制限のある食材、フルーツを使わずにつくるのだという。

もちろん損をするつもりもないし、ある程度は儲からないと続けられないが「収入を得るためというよりは、人に共感してもらえるものづくりができれば」と考えている。

自分の感覚を大事にした畑づくり

菓子に地域の米や野菜を使っている清野さんだが、2年ほど前から自分でも田畑で様々な作物をつくるようになった。

はじめは地元の人にやり方を教わってやっていたが、自分の感覚だと違和感を持つことも多かった。「なぜこんなに化学物質を畑に入れなければいけないんだろう」「なぜビニール（マルチ）を張らなければいけないんだろう」と感じ、自然と化学農法ではなく、自然農法になっていたという。

清野さんの田畑を見るとこの辺ではなかなかお目にかからない作物が並んでいる。お米もなぜか「インディカ米」。ただの思いつきだそう。移住当初は、自分が畑で作物をつくるということは想定していなかったという。「やりはじめるとはまった。やらなきゃいけないってなるとしんどいけど、こうやって自分でやっていると楽しい」と話す。

それ以外の仕事についてはどうか。事務受託の仕事は、地元の地域づくり団体、中山間地域等直接支払の事務だ。収入を得るための仕事として貴重だという。またパートで事務仕事をしている農業法人での仕事も、地域との関わりという意味があると言う。ポレポレ工房とのコラボで商品を開発販売していくこともできればと考えている。

この暮らし方を選んだわけ

このように清野さんのおこなっている多種多様な仕事には、それぞれ意味があるのだ。それでは、最後になぜ清野さんはこのような暮らし方を選んだのだろうか。

地域の食材を使うことにこだわった菓子をつくる清野憂さん

生まれは東京都府中市。小千谷市に来る直前は横浜市で介護の仕事をしていた。しかし、ずっと都会で勤めをして大多数の一部として生活をしていけないという想いはあった。過去にＮＧＯのボランティアでケニアに行ったことは「道を踏み外す快感みたいなものを覚えてしまった経験」だと言う。そして何か踏み出すタイミングを探っていた。そのタイミングで見つけたのが、小千谷市の地域おこし協力隊の仕事だった。

清野さんが求める働き方は「しばられないこと」「時間のやりくりが自分でできること」「同じことをずっとやっているのではなくメリハリがあること」なのだという。

地域との関係については「岩沢のことは好きだから自分なりに地域のことはやっていきたい。別にそのことをＰＲするつもりもないし、なんとなくわかってもらえたらと思っている」と話す。地域から様々な話が舞い込んではくるが「これ以上はできません」ということははっきり言うのだそう。移住当初は気に入られようとがんばっていたけど「自分に無理のない範囲でやっていく」ということを大事にしている。

まさに、清野さんはここ小千谷で理想の自由な働き方をつくることができたのだ。

小さな農業のまま地域の暮らしに根ざして

3人の実際の暮らし方・働き方、そしてその背景にある価値観や問題意識について見てきた。

彼らは移住前の自分の問題意識や価値観を見直した結果、それを体現できる場所として農村に着地した。そして農村を舞台に自分の価値観を大事にしながら生きていくための試行錯誤を繰り返してきた。ときには地域の期待や大きすぎる目標に押しつぶされそうになりながらも、自らバランスを整え、理想の暮らしをつくってきていたのだ。

その姿から、彼ら半農半Xと呼ばれるような暮らしをしている人たちを、経済農業や国策農業の担い手と見るべきではないことがわかる。そのことは半農半Xという言葉の起源の一つでもある星川淳さんの問題意識とまったく一致していると感じる。

大きな規模で大量生産する農業、顔の見えないほどの社会のためにしなければならない農業は、彼らの価値観とはまったく逆を行く。大きな農業を補完するものとしての小さな農業ではない。小さな農業は、小さな農業のままで顔の見えるコミュニティのなかで、一人一人の暮らしに根ざしたかたちで存在するのである。

共生共創のコミュニティ型の農的ライフスタイルをめざして

■

ぴたらファーム（山梨県北杜市）
田才 泰斗　ほか

南アルプスの山懐に抱かれたぴたらファームの取り組み

都心から車で約2時間半。ぴたらファームは南アルプスの名峰、甲斐駒ヶ岳の懐に抱かれるようにしてその雄大な自然の中に位置している。

近年、ここ山梨県北杜市には、自然と共生し、地球に優しい暮らしを求めて移住してくる人が後を絶たない。実際に秀麗な山並みや水環境の美しさは、訪れた人たちをとりこにし、再びここを訪れたい、あるいはこの地にいつか住んでみたいと思わせるほど魅力的である。

仲間との暮らしの理念

２０１０年9月に、田才とその兄夫婦、布井（旧姓：青木）の４名で活動が始まった。

現在は、スタッフ6名、シェアハウス住人2名の計８名が築１００年以上経つ古民家で共同生活をしている。そこにWWOOFER[1]（ウーファー）が多いときで3〜4名、さらにゲストも加わって、優に10名を超える大所帯になる。

多人数で暮らすことで手間のかかる農作業にマンパワーを投入できる。田植え、稲刈り、イモ掘りなど人出のいる大変な作業も容易に乗り越えられる。野菜やお米を栽培するだけでなく、自家用の果樹やキノコ、ハーブなども栽培し、加工品をつくり、動物を飼育し、さらにはあらゆる暮らしに関わるものづくりに取り組むなど作業分担ができるのも複数人で暮らすメリットだ。その結果、日々の暮らしを楽しむ余裕が生まれ、仲間たちと分かち合うことができ、暮らしが何倍も豊かになる。

ちなみに、ぴたら（pitara）とはニュージーランドのマオリ語でテントウムシという意味。ぴたらファームは以下の理念の基に活動している。

1 大地に根ざした暮らし

2 持続可能な循環の暮らし

3 必要なものは自分たちでつくり出す暮らし

4 自然の巡りに学び、楽しみ、共有する暮らし

一つ目に、「すべては土から始まる」という思想が根本にある。大地から切り離された現代の暮らしの中では、多くの人はあたかも土がなくても生きていけるかのように錯覚しているのではないだろうか。私たち人間は、大地に生かされ、自然の循環のなかで生きている。このことを本来誰しもが当然のこととして体得していなくてはいけないのだ。それがないために現代の人間は意にも介さず大地を汚し、自然との調和を無視して経済優先の道へすすんでしまっているのだと思わずにはいられない。

二つ目のキーワードとしてパーマカルチャー[2]がある。ファーム創立以来、哲学およびデザイン手法として、私たちの活動に取り入れてきたものである。すべてが生まれる大地から、手に渡るまでの一連のつながりが感じられる。そこに命につながる心地よさがある。私たちはエネルギー、資源、命が循環する暮らしをめざしている。

三つ目は、既製品を購入するのではなく、可能なかぎり自分たちの手でつくり出すことを大切にしている。手づくりのものには自然と愛着がわき、思い入れのある品になる。そこにストーリーが生まれ、

ぴたらファームの田んぼと背後の山々を空撮（写真提供・津島隆雄さん）

長く大切に使いたいと思うものだ。

四つ目は、自然に寄り添った暮らし、手づくりの暮らしを楽しく実践し（これがとても大切！）、それを伝えていくことだ。

少量多品目の有機農産物を供給

ぴたらの野菜セットを受け取ることで、生産者とつながる安心感や地球と分かち合う暮らし方を感じ取ってほしい。農体験やイベントに参加することで、循環型の暮らしに対する理解を深めてもらい、それぞれの暮らしの中でも実践していくきっかけにしてほしい。

ぴたらファームでは無農薬有機農法で少量多品目の野菜やお米を育て、個人宅およびカフェレストランへ出荷している。受け取る方々には、野菜だけではなく農場の様子や雰囲気までも届けたいという思いがある。宅配の野菜セットには隔週で更新しているニュースレターを同梱し、野菜の特徴やおすすめの食べ方、畑作業の内容やファームの暮らしの様

子、日々思うことなどをつづっている。野菜セットと言うよりもむしろ、「農場丸ごとパック」である。私たちがどのような人で、どのような思いで、どんな暮らしをして野菜を育てているのか、思いをはせてもらえたらうれしい。

農業イベントとしては味噌づくり、お田植え、稲刈り&稲架《はさ》かけ天日干し体験などを開催している。実りの秋に催す収穫祭には、県内外問わず100名以上のゲストが集まり、参加者は毎年増えている。

パーマカルチャー空間づくりにも参加者を巻き込んで、コンポストトイレや日干しれんがのかまど、ニワトリ小屋やヒツジ小屋づくりなどの建築ワークショップも開催してきた。2019年には、毎月3日間限定で「ぴたらキッチン」という屋号のカフェを営業した。2020年からは、カフェ形態からお弁当販売に切り替えて農場の有機野菜やお米をたっぷり使ったオーガニック弁当を提供している。

多様な関わり方の中から選択

ぴたらファームとの関わり方には、日帰りの農体験、WWOOF、シェアハウスなどがあり、希望者の都合に応じて滞在期間や密度を選択することができる。

日帰りの農体験だけでは知ることができないような、毎日の暮らしを体験してみたいという人にはWWOOFがおすすめだ。

農業に興味を持ち始めたばかりの人や、これから農的な暮らしに飛び込んでいこうとしている人、海外から日本の文化を学びに来た人など様々なWWOOFERが来訪する。受け入れている私たちにとっても新しい考えや異文化に触れる機会となるし、農業や暮らしをサポートしてくれるその存在は大きい。

さらに長期間で滞在し、農的暮らしを始めようと考えている人にはシェアハウスがある。2014年より、近所で空き家になっていた古民家を借りて、少しずつ自分たちでリノベーションをおこなってきた。半農半Xの暮らしをめざす人にとってそのファーストステップとなればと考える。

週2～3日はぴたらファームで畑仕事をはじめとするコミュニティの作業にあたり、その他の時間はそれぞれのXを探す時間、または挑戦する時間になる。初心者にはハードルの高い農作業も暮らしながら学んでいくことができる。1か月の短期間から2年間の長期利用者まで6年間で15名を超えるシェアハウス利用者がここで暮らしをともにしてきた。

商店、貸し菜園、民泊への取り組み

２０２０年、ぴたらファームは10周年を迎えた。この節目を機に、前々からスタッフそれぞれがひそかに夢見ていた新しい取り組みを始めた。商店、貸し菜園、民泊である。

商店　商店の名前はそのまま「ぴたら商店」。プラスチックフリー、ゼロウェイスト（無駄や浪費をなくし、ごみを出さないこと）・手づくりの暮らしを応援する量り売り商店[3]である。

オーガニック農家として10年以上自然環境と向き合いながら野菜やお米の栽培に携わり、味噌や醤油やみりんなど本物と呼べる発酵食品を自分たちで手づくりしていくうちに、普段買っている食べ物や生活用品がどのような原料でどのようにつくられているか？　そして、それらが廃棄されるときにはどのように土に還るのか？　その一つ一つの過程に想いを巡らせてきた結果、できるかぎり自分たちが納得できる製品を選ぶようになったため、私たちが日々の暮らしで培ってきた価値観を共有したいという想いがある。オーガニック農家の厳しい目線で選んだ地球に優しく体にも優しい、ていねいにつくられた無添加の良質なものを取り揃えている。

商品の一部を紹介すると、手づくりのウメ干しやウメ酢、野菜ジャムやご飯のお供、日々の食卓でも実際に使用している厳選した有機スパイスやオイル、乾物類などの食料品から、環境に負担をかけない洗剤・掃除用パウダー、ヘチマたわしなどの手づくり加工品、さらしやミツロウラップなどの天然素材の雑貨まで、日常で使うものを中心に取り揃えている。買い手にも協力してもらうかたちでパッケージフリーの商品販売を実現させている。

貸し菜園　貸し菜園の名称は「動物たちといっしょにつくる、パーマカルチャー貸し菜園」である。草やわら、緑肥、微生物だけにとどまらず、動物たちの力を借りて、農薬や化学肥料を使わずにオーガニックな野菜づくりをすることができる。貸し菜園に住む動物たち（チャボ、烏骨鶏、犬、ヤギ、ヒツジ）は菜園やファームで採れたくず米や野菜・刈り草などを食べ、彼らの糞尿は微生物の力を借りて堆肥になって畑に戻る……人の営み・野菜・動物・微生物が畑の中で循環していく。菜園内には「コン

パーマカルチャー貸し菜園の案内板

この日の貸し菜園講座は、ジャガイモ掘りと夏野菜の手入れ

貸し菜園でまけるように自家採種の種などを用意

ポストトイレ」や「五右衛門風呂」などもこれから順次整えていく予定である。

民泊　民泊の整備もすすめている。宿泊者はオーガニック農家の暮らしに実際に入り込んで、野菜のお手入れをするなどしてスタッフとともに田畑で汗を流したり、自家製の調味料を使った食事づくりを楽しんだり、季節ごとに採れる農産物から加工品をつくったりして楽しむことができる。

ぴたらファームは、２０１０年に創立して以来、様々な取り組みに挑戦してきたが、11年を経た今でも発展途上の真っ最中。日々トライアル&エラーを繰り返しながら、理想の暮らしを追求している。

揺るぎない農ベースの暮らし ——泰斗

２０１０年9月（11年前）から僕がぴたらファームをスタートさせるに至った経緯は、決して一足飛びではなく、説明するために時を長めに振り返らせてほしい。さらに10年をさかのぼる。

生きる実感の持てる暮らしを求めて

大学休学中、そして卒業後の合わせて３年の期間、僕はバックパックを背負い海外を放浪していた。ユーラシア大陸一周、シルクロード横断、さらにはオーストラリア、ニュージーランドのヒッチハイク旅。これから何をしてどのように生きていけば良いのかわからず、探っていた時代。いわゆる自分探しの旅だった。

その旅の中で、僕は日本をうらやみながらも幸せに暮らす貧しい国の人々を多く見た。対照的に土から離れ、生きる意味を失う日本人を思った。僕は、土の上にしっかりと立ち、衣食住に直接関わることを生業にして生きる実感の持てる暮らしをしたいと強く思った。その頃、塩見直紀さんの著書を手にとり、「半農半X」という生き方に、日本で豊かに暮らす一つの可能性を感じた。

帰国後、僕はまずXを模索した。そして始めたのが家具木工だった。職業訓練校で半年学んだ後、3年注文家具工房で働き、先輩から小さな畑を借りて野菜づくりにも挑戦した。ただ家庭菜園はあまりにも知識が足らずうまくできない。ベースとなる農をしっかりと身につけたいという思いがしだいに強くなり、研修できる有機農家を探した。

移住の1ステップとなったのは茨城県石岡市の暮らしの実験室やさと農場（当時は、たまごの会）だった。ここでの暮らしは僕にとって目から鱗で、月日とともにしだいに体に染み込んでいく。ここで3年半、同年代の仲間たちと共同生活をした後、僕は独立を考えるようになる。

ちょうどその頃、社会人向けの経営の大学院を卒業したばかりの兄がなんらかの社会事業を始めたいというタイミングと重なった。2010年の年明けから土地探しを始め、都市からの日帰り圏内で雄大な自然がある条件の中から山梨県北杜市に絞った。

山バカ兄弟はただただ甲斐駒ヶ岳をはじめとした南アルプスの山々にひかれたわけだが、一人の知り合いもいたわけではなかった。そして土地探し、人脈づくり、この地の農業について学ぶために、市内の農家を転々とすることになる。北杜市に潜入してから半年後の2010年9月、家はまだ決まらないなか、まず2反の畑を借りたのだった。

自然循環と持続可能性

現在、それなりに農家という立ち位置になっているが、当初は農業で生計を立てることは難しいと考えていた。もちろん今では農業も生きていくうえで可能な選択だという認識はあるが、ただ自然循環と持続可能性をしっかりと考慮した理念のもとでは、農業はやはり苦しくなる。

有機農家は誰しもどこで折り合いをつけるかで悩む。黒マルチを使うかどうか、育苗土をつくるか買うか、発酵温床か電気マットか、肥料は動物性でも良いか植物性にするか、梱包はビニールか新聞でも良いか、などなど……稼ごうと思えば必ず効率性重視になり、仕方なく理念は取り残されてしまう。

一斉に田植え作業

ついには楽しいはずの農業の魅力も失われてしまうことになるのだ。現代の日本の経済の下、自分にとって魅力のある有機農業のやり方をもって家族単位で暮らすことはとてもハードだ。今の社会でもそれを可能にする方法を模索した結果が、コミュニティスタイルなのである。

ぴたらファームにおいて僕は現在、1町歩程度の田んぼ管理と麦やタカキビなどの雑穀管理を担っている。農外のXに当たるのは、大工を主とする建物管理（ぴたらファームの用務員のおじさん担当です、といつも挨拶している）、建築WS（ワークショップ）、貸し菜園管理、養蜂となる。収入は少額であるが、食費・生活費はほぼファームで賄われているため支出は最低限で済み、さほど緊迫感なく暮らしている。たまの外食やイベント参加など普通に楽しんでいるし、1月のファームの休みには海外旅行にも行く。僕の支出で大きいのは本代、酒代か。

それでも本や服は、セカンドハンドが主である。セカンドハンドショップで好みのものを探すのは、節約というよりも趣味だなと思う。もちろん自分でつくる、直すも多い。田舎暮らしを始めるのならば大きな会計から小さな会計で暮らすイメージチェンジが大切である。そのためには、「買うからつくる」への意識転換が欠かせない。

土の上で生きる知恵と技術

何か大きな災害や脅威が起こる度に、僕は農をベースにした暮らしの強さを感じている。都市ではそのようなときには即食料やインフラなど生活への不安が生じるが、ここではほとんど揺るがない。長期間賄える食料は十分にあるし、火を起こす薪もある。土の上で生きていく知恵や技術は、生きるうえでの不安感を大きく減らしてくれる。

独立する前から数えて15年の月日をコミュニティスタイルの農ライフを送ってきた。他の暮らし方はもはや考えられなくなっている。

手づくりの暮らしの可能性 ——彩華

学生時代はアメリカの大学でランドスケープデザイン学科を専攻。卒業後、アメリカの小さな造園会社で働いたが、殺虫剤や除草剤を使う持続可能性がない現場ばかりだった。日本に帰国後、ご縁のあったゲーム会社に就職した。ゲーム会社というデジタルな世界に5年ほどどっぷり浸たり、後にファーム活動で有用となるホームページの知識やインターネットの知識を身につけることとなった。

パーマカルチャーでの実践

ゲームのビッグタイトルが終わるタイミングと、30歳という節目に退職を決め、パーマカルチャーを学ぶためニュージーランドへ渡った。現在はなくなってしまったレインボーバレーファームという農場で10日間のパーマカルチャーデザインコースを学び、その後もニュージーランド、オーストラリアでいくつかパーマカルチャー農場やエコビレッジでWWOOFを経験した。そこで出会ったのは、暮らしに必要なものを手づくりし地球に負担をかけない暮らしを日々実践し、一人ではできないこともコミュニティの中でかたちにしている人々だった。コミュニティだからこそ、持続可能な暮らしが生み出す環境負荷の削減率は大きい。コミュニティだからこそ、農の共有と農からの派生（X）が強みだということを実感し、ぴたらファームのあり方のイメージの土台になった。

日本に帰国後、自然農法センターで野菜栽培の研修をする道を選んだ。研修中に田才と出会い、ぴたらファームの立ち上げに参加することとなった。

ファーム立ち上げ最初の5年は、農で収入をあげるというだけで精いっぱいだった。イメージをしていた農から派生する加工やものづくりへの挑戦は、体力的にも時間的にも無理という日々が続いた。

ファーム活動が始まって5年ほどが経った頃、農家シェアハウスを始めた。シェアハウスのメンバーが、畑で余る野菜やハーブを加工することで付加価値をつけて、Xとしての生業にできないか？　自ら模索してみるために1年間給与をもらわず、代わりに時間をもらって野菜加工などで生計を立てる試みをした。畑、庭、そして里から出る自然の恵みの豊富さと、素材の宝庫に住んでいることを改めて実感することとなった。そして販路を築くべくインターネット販売の経路を整えた。

２０２０年はファーム立ち上げ10年という年になり、世の中はコロナ時代に突入した。私事としては、同じファームのスタッフと結婚に至った。

ファーム立ち上げ10年でぴたらという木は、それなりに大きく成長し、木の周りの土もいくらか肥えてきた。その土から新たな木を生やし、ぴたらの林そして森になっていったらいいのではないか？

量り売りなどのエコな取り組み

そんなイメージとともに、プラスチック問題やごみ問題などより具体的な環境問題を意識した取り組みをしたいという思いに至り、以前から構想にあった量り売り商店をプロデュースすることになった。量り売り商店では、今までプラスチック容器に入れ販売していたウメ干しがつぼの中に入れられ、好きな量を自分の容器で買うことができる。

塩分と酸度の強いウメ干しは、プラスチック容器に入れておくと有害物質が溶け出す可能性がある。そんな不安を取り除き、ごみも減らし、製造時のパッキングの手間やコストを省く。つくり手も買い手も環境的にもハッピーなあり方にたどり着けたのだった。

また、ぴたら商店はここに住むメンバーたちにとっても、自分たちがつくり出すものを販売できる

毎日開催するオープンファームの案内

場になった。私自身もミツロウでつくるエコラップ、着物の反物からつくる野良着、庭で取れるハーブを乾燥させたものをつくり販売している。

農をしっかりとベースに持つ生活は、どんな災害などにも耐えられる強さを持ち、農から無限大に派生して、加工や体験やサービスまでもができる。ぴたらファームの暮らしは、気がつけば暮らしそのものが、お金を出して体験したいような売り物になっていた。

農作物単体の単価はとても安い。今後は、野菜栽

ウーファーやシェアハウスメンバーなどとともにニンジンの除草

培を拡大する方向ではなく、余剰となる野菜や庭や里の恵みを加工し、付加価値をつけてぴたら商店で販売する他、私たちの暮らしそのものを体験してもらうことで収入を伸ばしていきたい。より自分たちのXの時間を増やし、それぞれが個性を発揮した商品を売るようになったらおもしろいと思う。

農的暮らし＝百姓的な、なんでも手づくりする暮らしが生み出せる半農半Xには、計り知れない可能性がある。

コミュニティが成り立つ環境
——俊太郎

ぴたらファームと出会うまでの道のりは、今思えば遠回りをしていたようで、最短距離だったのかもしれない。いわゆる「進学コース（?・）」と呼ばれる道を、周囲に促されるまま必死になってすすんだが、新卒で入社した会社を早々と退職後、自分とじっくり向き合う時間の中で「食」と「身体」と「精神」の深い関係を知ることになる。

自らの「手」でつくり出す暮らし

料理人を志し、地元の懐石料理店に就職。四季折々の伝統料理や時代物の器に触れ、茶懐石の出張料理も経験するなかで、昔の日本文化の奥深さを実感し、日本の昔ながらの伝統が、いかに考え尽くされたものだったのかということに気がつくことになる。

同じ時期に藻谷浩介氏とNHK広島取材班による著書『里山資本主義』との出会いもあって、暮らしの豊かさや安心感を100%お金に求めるのではなく、昔の社会にならって母なる自然の中に求めていく持続可能な暮らしのあり方を探そうと心に決め、料理店を出てWWOOFに登録し、旅に出ることにした。

そして最初に訪れたのがぴたらファームだった。「お金」ではなく自らの「手」でつくり出す、豊かな暮らしがそこにあった。

スタッフのみんなと語り合うなかで、人間と切っても切り離すことができない「土」から必要なものを得て、循環させる持続可能なコミュニティをつくり上げていこうとする考え方に強く共感。「食」の自給自足という揺るぎない土台の上で、個人ではなく複数人の相互扶助の関係でコミュニティが成り立つ環境は、まさに自分の理想とするかたちだった。

シェアハウスメンバーになり、料理人時代に得た食品加工の知識を生かした野菜ジャムづくりをXとすることにした。

毎回の出荷時に大量に余った野菜を目にして、活用できないものかと思案していたところ、ファーム内で以前から販売していたジャムの加工フロー（手順）を引き継ぐことができ、スムーズに商品化することができた。出荷できずに大量に余った野菜をファームから買い取り加工、瓶詰めして近所の店舗に置かせていただいた他、ファームの冬の加工品として卸すことで収入を得た。

キュウリのジャムやナスのジャムといった珍しいオーガニック野菜のジャムは、興味を持ってくださる方が多く好評だった。厳密にいえば6次産業化だが、ぴたらファームでは「素材」と各個人の「アイデア」や「特技」が組み合わさることで無限にXが生み出される。

余った野菜の有効活用はとても意味のあることだが、自分の中では野菜づくりを通してもっと土に触れ、土のことを知り、食べ物の生産という根本的な部分を知りたいという気持ちが強まっていた。そんな中で自然農法を知り、自分でも実践したいと考えていたところ、畑担当を引き継ぐ話がすすみ、正式にスタッフとしてファームの一員となった。

畑担当になってからは、野菜や草や虫たちと正面から向き合うようになった。初めは目の前でしおれかけている野菜に何が起きているのかもまったくわからない状態からのスタートだったが、仲間のアドバイスや読み漁った農業本や家庭菜園の本から知恵を得つつ、とにかく毎日野菜と触れ合い、注意深く観察を続けた。

1年に1度しかないチャンスをものにするのは今でも大変なことだが、3年目になり、ようやく野菜の顔色を見て状況をつかむことができるようになってきた。自然のリズムに寄り添い、自然循環を柱とした農法で野菜を育てて3年目、自然は「必ず人に与え、必ず人から奪う」という両方の側面を持っているということがようやく見えてきた。

それでも人は土に頼って生きていかなければならないが、ポジティブに考えるならばお金にも頼ることができる現代、「農」も「X」も、テーマとしてとても突き詰めがいのある時代だ。

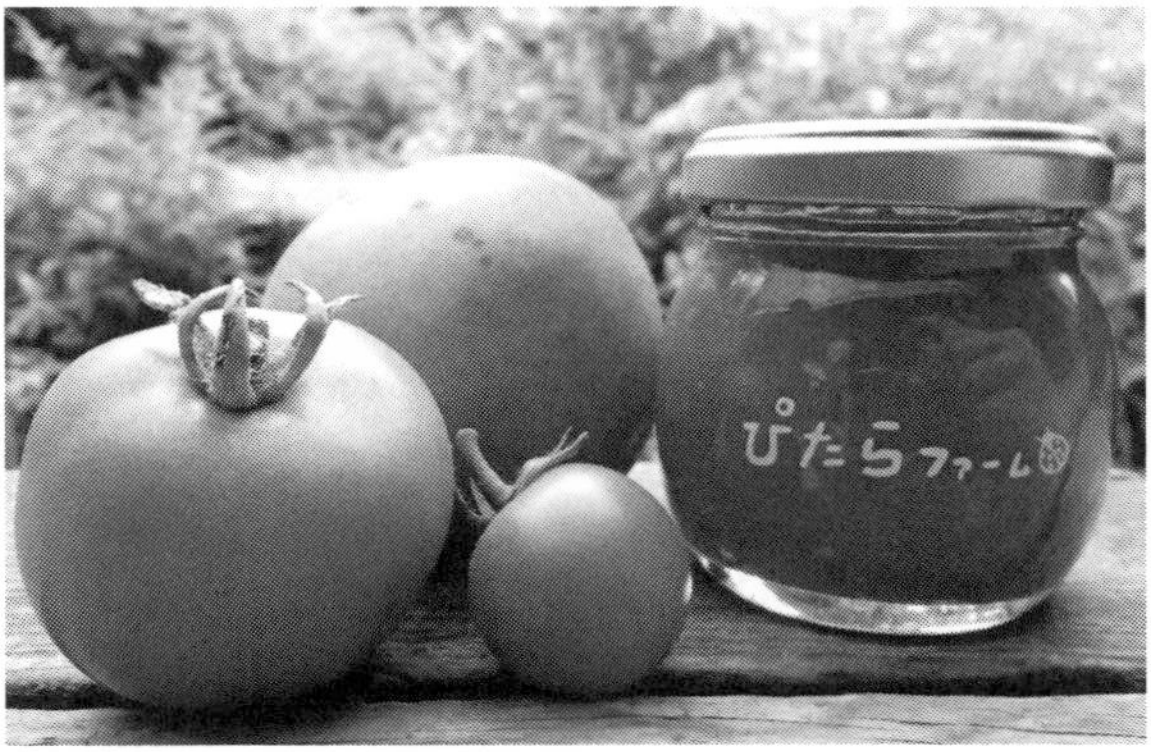

果樹農家とのコラボ製品「モモとトマトのジャム」

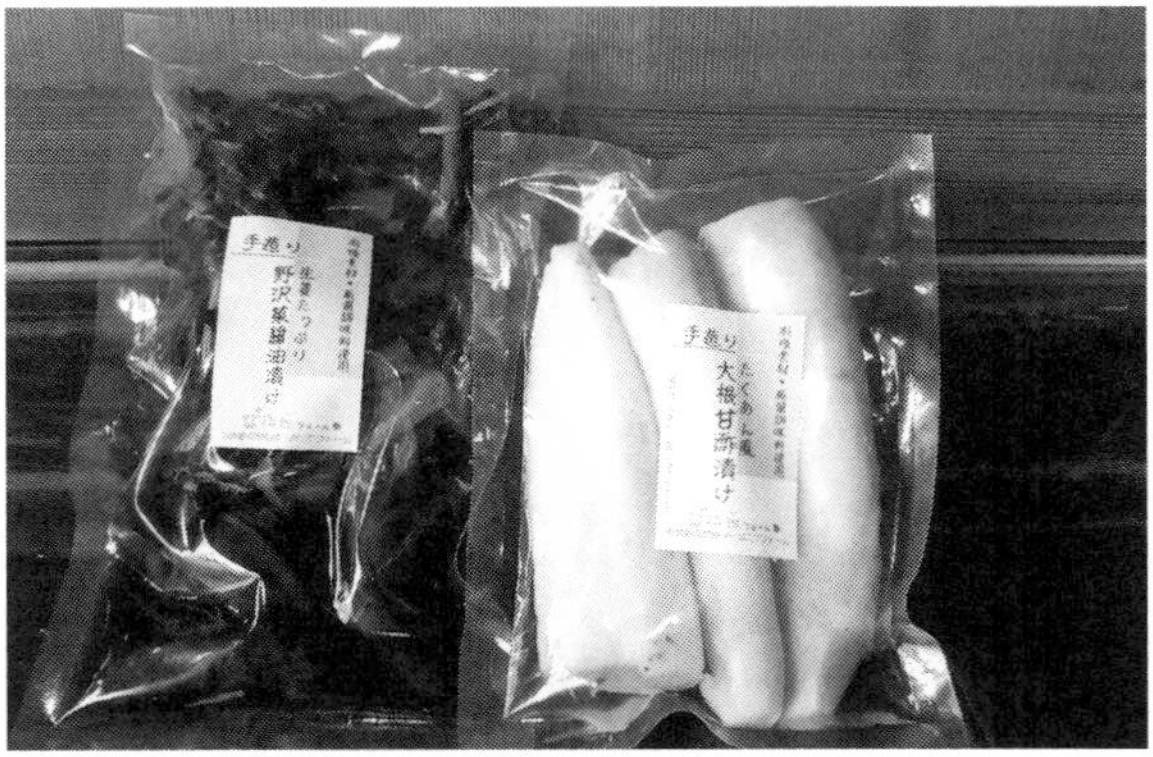
野菜セットに加えるダイコンなどの定番漬け物

自然塩などで仕込んだ味噌。樽の中で熟成

生きていくうえで重要な食べ物づくり

人が生きていくうえで最も重要な「食べ物」をつくるということは、体力と時間が必要なことだし、歳を取れば体も動かなくなる。しかし、この暮らしの強さは、自分一人ではないということだ。

人手が必要なときにはお互いが助け合い、自分が畑仕事に精を出す間は、ほかのメンバーが自立的に、お米の手入れや家周りの大工仕事、保存食づくりや日々の食事づくりなど、暮らしに大きく関わる仕事をすすめている。おのおのが生み出すものを共有しているので、有限の体力や時間やエネルギーを無駄なく利用でき、コミュニティの強さが生かされている。

２０２０年、メンバーの彩華と結婚。この結婚はゴールではなく、新たな始まりだと思っている。このコミュニティの構想は、１世代で終わりではない。子々孫々と受け継がれることで多世代による相互作用が生まれ、子育てや介護を含め、老若男女が皆役割をもって暮らしていけるコミュニティが理想だ。各々が「農」に携わることで無駄のない食料生産をしつつ、自らの特技を生かした「X」で個人もコミュニティも金銭的・精神的に満たされる環境づくりに、今後も携わっていきたい。

自然に寄り添いながら生きる

——史織

２年前の２０１９年の春、私は東京で物販経験をいくらか積んだ後、イギリスに飛び立っていた。母国以外で生活しいろんな国の文化や人に触れてみたいという、学生時代に夢を見つつも半分あきらめかけていた想いがふとしたきっかけで実現した。イギリス・ロンドンでの滞在中には、様々な国の人が暮らしているので、宗教や性別、文化の多様性がみごとに共存していることに感銘を受けた。

また、食生活の面ではヴィーガンやベジタリアンの人も非常に多く、レストランやカフェ、スーパー

土間のある店内に厳選されたアイテムが所狭しと並んでいる

マーケットでも実に多くの選択肢がある。さらには量り売りのバルクショップも多く、プラスチックフリーやオーガニックプロダクト製品も充実しているので無理なく暮らしに取り入れやすい環境である。

ロンドンに来て2年目の春、コロナウィルス禍が始まった。2回にわたる長期のロックダウンにより２０２０年の大半は家で過ごし、海のプラスチック問題や生物多様性にまつわるドキュメンタリー番組を見ていく時間が自然と増えた。パーマカルチャーについても興味を持ち、これからの残りの人生は自給自足の暮らしに切り替えていきたい、地球への負荷を少しでも減らせる環境に身を置きたいという想いがより一層強くなった。

そんな想いをはせて日本に帰国後、古民家で共同生活をしながらパーマカルチャーと農ある暮らしを実現させているぴたらファームに出会ったのである。

半農半Xというキーワードもここに来るまでは知らなかったが、今の私のスタイルとしては野菜の収穫や人手のいる農作業の際に「農」に携わり、それ以外の時間＝「X」は２０２1年5月から始まった「オーガニック農家民泊」の担当スタッフとして、ゲストへのご案内や設備・環境改善、各種応対、そして同じく5月から始まった量り売りの店「ぴたら商店」にて雑貨販売経験を活かして商品のディスプレイや接客を任せられている。

現在の形態では、民泊が主に週末のみの営業、商店は平日の火・金曜日と週末の営業のため、それ以外の時間に事務ワークや農作業に携わるスタイルに落ち着きつつある。

一人きりで0からのスタートよりも、同じ志を持った個性豊かですばらしい仲間とともに、互いの知識や経験を共有しながら、自然に寄り添いながら生きる「半農半Xの暮らし」がゆっくりと自身の生活に浸透してきていることに、じわじわと喜びを感じている。

農的暮らしへのシフト

――ちさと

豊かな自然や暮らし方にひかれて

２０１９年、今から2年前の4月に初めてWWOOFERとしてぴたらファームを訪れた。

2か月の経験の後、この地の澄んだ空気やおいしい水、人や暮らし方にひかれ移住を決意した。

ここに来るまでは、地元で家族経営されている農家さんへお手伝いに行ったり、古民家カフェでアルバイトをしたり、フードバンクの畑部門でボランティアをしていた。もともと自然や動物が好きで、ニュージーランドで3か月間ファームステイをしたときに、広大な自然に囲まれた場所で暮らしたいと強く感じた。その後、有機農業を学ぶためにタイで2か所のファームにWWOOFをした。そこでパーマカルチャーに触れ、そのパーマカルチャーをキーワードとしていたぴたらファームにたどり着いた。

私の半農半Xの暮らし方は、農の部分として一部の自給用作物を担当したり、ぴたらファームの運営に関わる畑作業をしたり、家畜の世話をすることである。また、隣町にある有機農家へお手伝いに行き、そこでも知恵や技術を学んでいる。Xとしては、収穫した野菜で自給用の加工品をつくったり、ヘチマたわしをつくってぴたら商店で販売したりしている。

人気が出て売り切り御免となったヘチマたわし

私の場合、半農半XのXで大きな収入を得ているわけではないので、どのようにして収入を得るかが課題である。ぴたらファームでは、自分で何かやりたいことを考え行動を起こせば、それを応援してくれる仲間がいる。得意なことを見出し、それが自分も周りの人たちもハッピーになることであれば、実現できる環境である。

私が将来的に思い描いていることとしては、豆類（たとえばダイズやアズキ、虎豆など）を栽培し、量り売りをすることだ。ぴたら商店は私にとっても、自然に還ることのないプラスチックの使用を止めて自然素材を使用することが環境を守るために必要だという、前々からの思いを反映する存在だ。また、今年からヤギとヒツジを飼い始めたので、ミルクや羊毛で何かできないかと考えている。私にとってはXはどこか別の場所で何かをするというのではなく、やはり農から派生するものである。

何でも手づくりできるように

私の目標は、ぴたらファームで生産したものをたくさんの人に届けることで、そこからさらにそれぞれが自らの手で作物を育て食べるということにつなげていくことである。

海外や日本内であっても遠方などフードマイレージ[4]の高い作物を頻繁に摂取することは、自分の身体に合ったものを摂取できずに体調を壊したり環境を壊すことになる。自然の摂理の中で生きていることをみんなが考えてほしいと思う。

ぴたらファームでは有機栽培での貸し菜園を一つの事業としておこなっている。お客さんがそれぞれ違った畑をデザインし、作物を育てている姿を見るのは楽しい。

私は自分が明確に半農半Xをしているという感覚があるわけではなく、昔は誰もがそうであったように、何でも手づくりできる百姓になりたい。自分たちで食べるものは自分たちでつくり出し、住むところは住み心地よく工夫し、身に着けるものは自然な素材で手づくりをする。すべてを一気におこなうことは難しいが、自分のできる最大限の範囲内でおこない、少しずつ増やしていく。

私は生まれたときから街中で育ち、農的な暮らしなどしたことがなかったが、今ここで自然に寄り添った暮らしをしていることがとても楽しい。何より仲間の力があってこそ今の私があるので、一人で何かを始めるよりは、仲間やたくさんの人たちとともに築き上げたいと思う。

持続可能なライフスタイルへ　――諒佑

自然に囲まれた新天地へ移住

２０１４年４月～２０２１年２月の間、塗料メーカーの研究開発・新規事業開発の業務に従事していた。市場調査や未来洞察などの業務をしているうちに、製造業の行く末を深く案じるとともに、縮小する市場で成長を志向することに不条理を感じ、持続可能なライフスタイルを模索するようになった。

このときから半農半Xという生き方を知り、憧れを抱くようになった。そして、コロナ禍を契機として、会社のような特定の大きな存在に依存することの危うさを感じ、複数の小さな存在を頼る生き方を志向するようになり、都市型のライフスタイルに見切りをつけ、自然に囲まれた新天地への移住を決意した。

具体的な農業形態に関しては、とりわけ、SDGsで注目されている有機農業について学びたいと考えていた。そこで、シェアハウスのポータルサイト「Colish」を通じて、有機農業による半農半Xを実践している全国の候補地のなかから、山梨県北杜市の「ぴたらファーム」を選び、単身で移り住んだ。

ぴたらファームの農法は農薬や除草剤を一切使用しない持続可能な手法による有機農業であり、栽培品目は野菜、米、小麦、ダイズ、ハーブなど、多岐にわたる。私自身はシェアハウスメンバーの一員として共同生活を送りながら、週3日程度は農作業や家事を手伝っている。

今のところ、これといった農外Xはおこなっておらず、空き時間は自給自足的な生活に適応するために活用している。今後は農外Xとして狩猟を考えており、有害鳥獣駆除、ジビエ（野生鳥獣肉）の製造販売、骨や革の加工、狩猟レジャー、情報発信などでマネタイズ（収益事業化）を考えている。狩猟以外にも、野草の採取、漁業、昆虫食など食生活の外部化の潮流に逆らったニッチ戦略を軸に据え、これらを農外Xとして生計を立てていきたい。

所得については、人づてに舞い込んでくる単発のアルバイト（鶏舎管理、果樹作業、引っ越し、草刈りなど）による収入がある。基本的にはアルバイトのスケジュールを優先し、空き時間で農作業をおこなっている。

半農半Xの生活に充実感

半農半Xの手ごたえはまだ得られていないが、半農半Xの生活それ自体に精神的な充実感を見出しており、この方向にすすめば問題はないと考えてい

畑作業は年間の栽培計画を立てておこなう

る。この生活の利点としては、自然に近い環境で日常生活を送ることによる幸福感の増大、家賃や食費の削減とそれによるリスクヘッジなどが挙げられる。また、農外Xとしての狩猟には、農作物の獣害対策に主体的かつ効果的に取り組むことができるというシナジー（相乗作用）がある。

しかし、本格的に半農半Xの暮らしを始めるにあたっては、第一歩である移住・定住の敷居が高いと感じる。住居や農地に関する情報や自治体の助成などをパッケージ化した形式でまとめた、半農半Xのポータルサイトはそれなりに需要があるのではないだろうか。

コミュニティスタイルの農ライフの展開

新しい試みとヒツジの導入

昨年秋（2020年9月）ぴたらファームは10周年を迎えた。

11年目の新しい試みとして、プラスチックフリーと量り売りのお店「ぴたら商店」、動物とともにつくる「パーマカルチャー貸し菜園」、築100年以上の古民家で自給自足的な暮らしを体験できる「オーガニック農家民泊」を始めた。そして貸し菜園の名称でもうたっている動物の中で、ヒツジの導入はプラスチックフリーともつながるこれからの方向性の一つの杭となる。

きっと誰の目にも事業の拡大化ととらえられるだろうけれど、変わらない容量の中で横に広がるようなイメージがある。食いしん坊で欲張りなメンバーが集うぴたらコミュニティでは、新しいアイディアが尽きない。いろいろやりたいのだ。

始めにヒツジの導入という一つの杭を打ったと書いた。その先には糸を紡ぎ、布を織ってみたい願望がある。まさかこの時代に手で紡いで織って売ろうなどという無謀な試みは考えていない。１００年以上前に工業化・資本化の流れの中で失った知恵や技術、それに伴っていた豊かさを自分たちの手に戻したいという思いだ。

これまでの10年では衣食住のうち、はからずも食住に力点が置かれていた。このはからずもというのは、きっと世界中の多くの自給自足家たちがそうであっただろうという推測がある。

衣は、つくる労力と入手しやすさの開きが大き過ぎるためだ。大量生産された衣類はあふれているし、貧しくても古着なら安く手に入れられる。

収入手段としてではなく、豊かさを取り戻すためにヒツジからウールをとり紡ぎ、織りたい。

10年目の年にファーム内で1カップルが結ばれた。そして、その流れが数珠つなぎとなっていきそうな雰囲気がある。シングルの集うコミュニティから、複数の家族のコミュニティへ。そのための新しい体制づくりが早急に必要になっている。

子どもたちがにぎやかに駆け回る未来のイメージからは、今まで以上に地球環境の永続を望む意識が高まっていく。ネイティブアメリカンは7世代先を意識して暮らしたというが、ずっとずっと先の未来まで変わらぬ自然を受け継いでいくという意識を持って、今現在の私たちは暮らしていかなくてはいけないと思う。これは本来当たり前のことなんだろうけれど、この意識するということが本当に大切なことだ。

共生共創の成り立つ暮らしへ

農をベースとした暮らしからは、Xのタネは多種多様だ。きっと将来には今は思いもつかないようなXが生まれるだろうことは必至だ。コミュニティに暮らす個々にXがある。それも一つではなくおそらく一人一人が小さなXを複数持つだろう。そのXはそれぞれの収入源になり、そして分かち合うことにもなる。

そうなればコミュニティ内には数十のXが存在す

庭にある手づくりの案内看板

バインダーで１列ずつイネを刈り取る

作業の合間のひととき

ることになり、もうどうしようもないくらい豊かな場所になる。未来のぴたらファームは、きっと理想的な生活環境であるだけでなく、理想的な教育環境であり、福祉環境になると夢見る。老若男女がいることでXの幅はさらに広がっているだろうか。

大勢の人が関わり、つながり、共生共創するコミュニティ型の新しい農的なライフスタイルとして、今の経済でも成り立つ暮らしの一つのモデルとなればいい。次々に起こる世の荒波にも揺るがず、永続するファームでありたい。

〈注釈〉

（1）　WWOOFER（ウーファー）

ウーファーとは、ＷＷＯＯＦの仕組みにおいて有機農場でパートタイム的に働く働き手のことを指し、世界中の有機農場においてお金のやりとりなしで、〈食事・宿泊場所〉と〈労働力〉を交換する仕組みとなっている。

（2）パーマカルチャー

Permanent ＋ Agriculture ＋ Culture の三つのキーワードが組み合わさった造語。自然界にある循環の仕組みに学び、伝統的な農業の知恵に学び、さらに新しい科学的・技術的な知識も組み合わせた地球に負荷をかけない持続可能な暮らしのデザインをいう。手つかずの自然を守るという思考性ではなく、人の活動も自然の食物連鎖の一つとして捉えている。

（3）　量り売り商店

Bulk shop（バルクショップ）という呼び方でも徐々に知られつつある。お客さんがお気に入りの瓶や空いた容器に好きなものを好きな量だけ買える、量り売りスタイルの商品販売である。業務用などの大容量サイズをまとめて仕入れ販売することで、運送・パッケージコストの削減だけでなく、プラスチックフリーな暮らしやごみを減らす効果が期待できる。

（4）　フードマイレージ

食料の生産地から食卓までの輸送距離に着目した指標であり、なるべく近くでとれた食料を食べたほうが、輸送にともなう環境負荷が小さくなることを意識したものである。

それぞれの半農半Xとの巡り合い
～岐阜県白川町からの報告～

■

オーガニックファーマーズ名古屋（愛知県名古屋市）
吉野 隆子

朝市村をベースにして小さな有機農家をサポート

新規就農者の有機野菜を買い支える

私は家庭菜園も含め、自分で積極的に農業をしようと思ったことがない。ほとんどやったことがないのに、自分には野菜を上手に育てられないだろうという確信がある。

その代わり、と言えるのかどうかわからないが、私は有機農家と日常的に接していて、彼らを支援したいと思っている。研修に入るにも、農業を始めるにも、農業を続けていくにも、支援があるかないかで結果は違ってくる（と信じている）。

有機農業をしたい人が真っすぐ突きすすんでいけるよう、力を尽くしたい。そして、自分では育てないけれど、彼らのおいしい野菜を買い支え、食べ続けることが、私の役割だと確信している。

コロナ禍以前の朝市村。人気の農家には開始時刻に人が押し寄せ、押し合いになっていた

農業にまったく興味がなかった頃も、有機の野菜を食べたいと思っていた。移り住んだ名古屋の有機宅配の団体から野菜を届けてもらうようになり、誘われて手伝うようになった。事務仕事が停滞しているのを見ていられずに、スタッフになってしまった。宅配の会員に農家の栽培方法や思いを伝える通信をつくるため農家に通って取材をするうちに、有機農業のおもしろさ、というより有機農業に取り組んでいる農家の考え方や生き方も含めた多様性にひかれるようになった。

様々なことの実現の場に

２００４年から非農家出身で小さな有機農家になった人たちのための朝市「オアシス21オーガニックファーマーズ朝市村」（以下、朝市村）を名古屋で運営し、有機で新規就農したい人たちのサポートをしている。当初、朝市村は販売の場とだけとらえていたが、続けるうちに様々なことが実現する場になっていることに気づいた。

消費者と直接つながるだけでなく有機流通や飲食店とのマッチングの場であり、中山間地域に就農した有機農家と都市の消費者が交流する場でもあり、さらに消費者の畑への入り口にもなっている。

農家にとっては、納得いく価格で情報を載せて販売できる場で、仲間の有機農家と切磋琢磨しながら技術を磨く場でもある。お互いに教えあい学びあい、田んぼや畑も見学に行く。

農業＋農的Xで生活を成り立たせる

２００９年には朝市村の会場で就農相談を受けて、農家に研修生として送り込むようになった。岐阜県の白川町には、これまでに有機農家をめざす7人が移住している。

白川町は中山間地域と呼ばれる山際の地域で、１９９０年代から有機農業に取り組んでいる農家がいる。農家が激減している状況であるにもかかわらず、中山間地域では有機に限らず新規就農者を受け入れない地域がいまだにあるのだが、白川町には最初から受け入れに前向きだった集落がある。中山間地域ゆえ、条件の良いまとまった農地を確保することが難しく、冬は積雪がほとんどないものの、厳しい寒さで農業はできない。

一方で、豊かな自然に恵まれている。こうした条件から、新規就農者が農業＋農的で自然を生かしたXで生活を成り立たせるようになっていくのは、必然だったと言えるだろう。

塩見直紀さんが半農半Xというコンセプトを掲げる以前から半農半Xを実践していた「なごみ農園」の高橋和男さん、半農半Xという言葉があったおかげで身構えずに就農した「hokimoto」の保木本耕太さん、そして塩見直紀さんとの出会いで就農を決意した「和ごころ農園」の伊藤和徳さんの3人から、白川町での就農とそれぞれのXについて聞いた。

天然酵母パンを糸口に就農——高橋和男さん

複合汚染から有機農業へ

高橋和男さん（１９６１年生まれ）は「なごみ農園」として農業に取り組みながら、可能なかぎり自分がつくった原材料を使ってパンや焼き菓子をつくり、「ビーンズ」という屋号で販売している。

和男さんは高校卒業後に調理師の専門学校に通い、学校に来ていた求人票を見て洋菓子店に就職、ケーキをつくっていた。しかし、ケーキづくりのセンスが自分には不足していると感じるようになり、このままずっと職業として続けていく自信を持てないでいたという。

そんな頃、「なぜ手に取ったのか覚えていないのだけれど、有吉佐和子の『複合汚染』を読んで、有

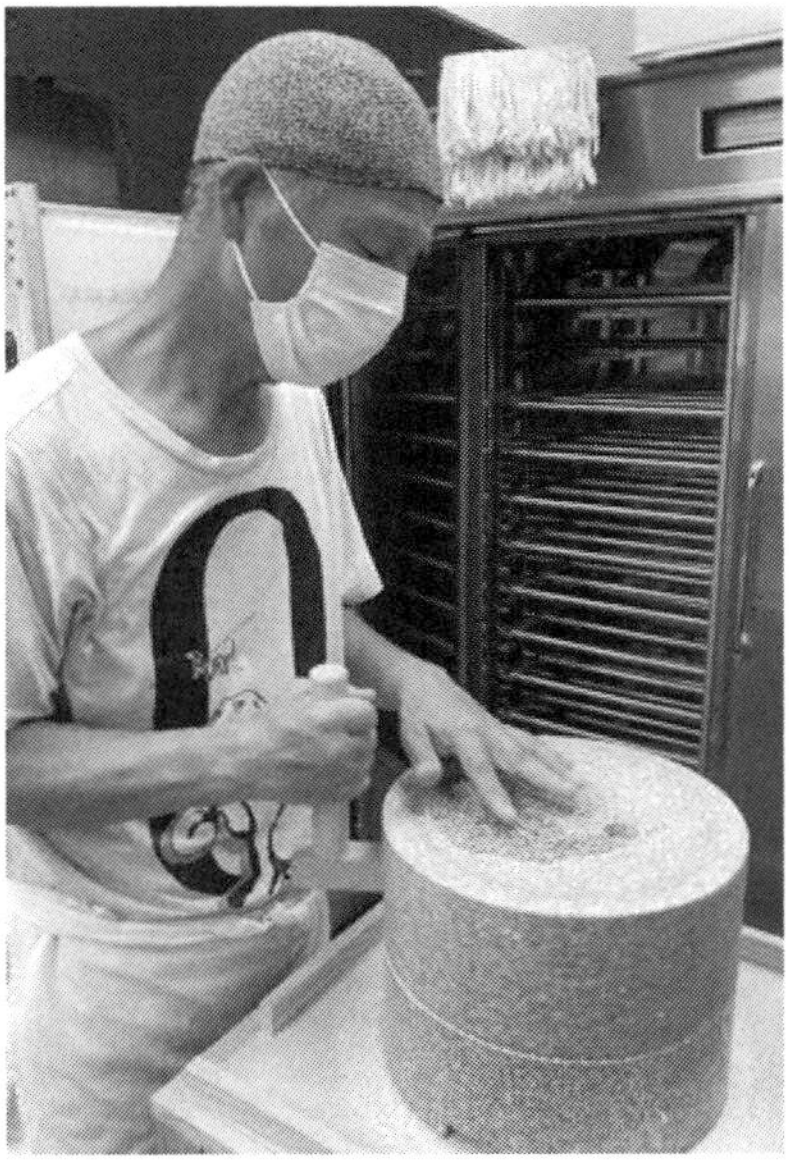
小麦を石臼で挽く高橋和男さん

機農業に関心を持つようになって、いろいろ調べていくうちに、有機農業をしよう」と考えるようになった。

研修先は１９８５年に発行されたばかりの『有機農業の事典』（天野慶之ら編　三省堂）で探した。それまで農業にはまったく興味がなく、家庭菜園もやったことがなかったというのに、静岡県富士川町（現在の富士市）の有機農家で1年間研修を受けた。24歳の頃だ。

もともとはみかん専業だったその農家は、当初は慣行栽培だった。１９６０年代の後半、富士市にあるたくさんの製紙工場の大気汚染やダイオキシン問題などの公害問題をきっかけに市民運動に携わり、有機農業に取り組むようになったのだという。

その農家には各地の有機農家が訪ねてきていた。研修中にたくさんの体験談を聞いたことで、和男さんは「専業でやるのはかなり厳しい。1年くらいの研修では技術も身につかないから、すぐに農家になるのは無理だろう」という考えに至った。

農業研修後、パンづくりを学ぶ

研修費を支払いながらの研修だったから、とりあえずお金を稼ごうと、1年でひとまず農業研修を終え、そのまま富士川町の小さな工務店で1年間土木業をした。考える時間を持つこともできた。

「工務店での仕事は楽しかったし、もっとやっていくこともできたんだけど、『こんなはずじゃなかったよな。でも、農業だけでやっていくのは無理だし』っていうところから、しだいに『何か別の仕事と合わせてやるしかない』という気持ちになっていきましたね」

農家での研修中、東京の有名な天然酵母のパンを共同購入していたので、天然酵母パンの存在は知っていた。「パンならケーキと使う道具はだいたい一緒だし、何とかなるかな」と思いつき、愛知県東海市の実家に帰ってパンづくりを学ぶことにした。ネットのない時代のことで、名古屋市内に天然酵母の製パン会社がないか調べてみたが見つからなかったので、一般的な製パン会社に入って、まずパンづくりを勉強することにした。

「個人ではなく会社、でも最終的には自分でやるわけだから、大きな会社ではなく10人くらいが働いている会社を探しました。大きい会社だと仕事は分業で、機械も個人が使うものとは全然違うから」

2軒めのパン屋で出会ったのが、パートで働いていた雅子さんだ。パン屋は朝早くから仕事をするから、14時から15時までには仕事が終わる。雅子さんはパートが終わった後、友人と二人でパン屋の工場を借りて焼き菓子をつくり、有機宅配の団体に卸していた。

1990年に結婚。高橋さんはパン屋での仕事を続けていたが、雅子さんは「名古屋市内の実家の車庫を改造して工房を始めて……。その頃からビーンズという名前でやっていましたね」

結婚して間もなく、和男さんは仕事中に掃除をしていて人生初のぎっくり腰を経験する。1か月動けないほどの重症で、仕事に復帰したものの体力に自信が持てずにいたが、「工房があるんだから、ここで天然酵母パンやるか」ということになった。

すでに雅子さんが有機宅配に焼き菓子を卸していたから、売り先はある。だが、それまでずっとイーストを使ったパンづくりをしてきたから、天然酵母を使ってみたものの最初はなかなかうまく膨らまない。試作品はれんがのようにカチカチのパンに仕上がり、コツをつかむまでに時間がかかった。１９８５年に生まれた国産初のパン用小麦ハルユタカが流通しはじめたのは、その後のことだ。

「ハルユタカを使うと劇的に膨らむんだよね。パンがつくりやすくなって、天然酵母パンの重たいイメージが変わりました」

半農半パン屋をめざして

１９９１年に長女の萌ちゃんが生まれる。工房で焼き菓子とパンをつくって配達に出かける日々は、薄利多売ではあるものの順調だったが、「『農業やる計画は、どこへ行っちゃったんだ』みたいな気持ちになって。話し合いの結果、『子どもが小学校に行く前に移住したいよね』という結論に至りました」

移住先のあてはなかったが、焼き菓子やパンを卸していた団体に紹介してもらい、岐阜県白川町を見に行って決めた。土地を借りるときには、白川町で新規就農していた有機農家に持ち主との間に入って尽力してもらった。

「最初は古い家を見て回ったけど、パンや焼き菓子のために工房が必要だったので、結局新しく建てたほうがいいということになってね。土地を借りて建てたんだけど、あの時代に、どこの誰とも知らない人に『ここに家を建ててもいい』って言ってくれただけでもすごいことだと思う。入ってきた人が変な人だったら、周りから『なんであんな奴に貸すんだ』って言われるからね」

１９９５年12月、萌ちゃんが４歳になった年に白川町に引っ越した。最初に借りた農地は、田んぼ１反４畝。年が明けてすぐ自宅の片隅にパン屋を開き、春には米づくりを開始。次に借りた５畝の畑は自宅の隣で、そこにはいま、有機で新規就農をめざす人たちが研修中に住む施設「くわ山　むすびの家」が建っている。めんどう見のいい雅子さんは、むすびの家に入った研修生たちを見守ってきた。

酵母づくりに使うブドウ。朝市村のお客さんも楽しみにしている

コンニャクは３年かけて育てる

農業をしながらパンをつくる毎日の中で、パンづくりも変化していった。名古屋の工房時代には市販の天然酵母を使っていたが、移住後は干しブドウから酵母をとるようになっていた。そしてふと、「待てよ、うちでブドウを栽培して、そこから酵母をとればいいんじゃないって気づいて」、ブドウの栽培を開始。最初は酵母にだけ使うつもりだったが、「ブドウが食べたい」というお客様からの要望に応えて、しだいに樹や品種を増やしていった。

ブドウ以外に栽培しているのは小麦（全粒粉製品

高橋さん一家。左から和男さん、萌ちゃん、雅子さん。撮影の数日後、萌ちゃんは結婚のため家を離れた

に使用）・ライ麦（栽培は1年置き）、サツマイモ、カボチャ、落花生、豆類、ゴマ、ニンジン、ジャガイモなどで、自分たちが食べるぶんとパンやお菓子に使っている。コンニャクイモも栽培し、冬にコンニャクをつくって販売している。ふんわりしているのに弾力があり風味もよく、朝市村で人気だ。

現在は田んぼを全部返して、畑が2反4畝となっている。田んぼを返したのは、毎年のように和男さんがぎっくり腰になっていたことに加え、親の介護で週の半分は実家に行っていた時期に田んぼを世話しきれなかったから。いま自分たちが食べる米は、むすびの家に2年住んで近くの農家で研修した後、町外で就農した若手農家から送ってもらっている。

和男さんの仕事時間の配分は、農業２：パン1だが、売り上げは農業が完全に少ないという。パンは、イベントに出店するときを除くと、1日置きに焼く。二人で作業することも多い。朝4時から始めて9時頃に焼き上がったら、白川町の直売所「チャオ」に持っていく。和男さんは夕方まで畑仕事というのが通常のスケジュール。仕込みは和男さんの仕事で、焼き菓子は雅子さんの担当だ。

半農半Xという概念がない時代に半農半Xで暮らすかたちを選択したわけだが、「農業だけで暮らせないと思ったから、パンもつくろうと考えただけ。順番に考えていけば自然にそういうかたちになるんじゃないかな」と和男さんはさらりと話す。「割と適当にやってきた」と言うが、自然体の積み重ねのうえに、60歳を迎える和男さんの半農半Xの暮らしがある。

半農半Xの食べ物づくり ——保木本耕太さん

オーガニックにひかれて

保《ほ》木《き》本《もと》耕太さん（1980年生まれ）は横浜市の出身。ファッションが好きだったことからアパレルの店員になった。洋服を買うために週2回飲食店で深夜のアルバイトを始める。配属されたのはバーだった。「バーテンダーというよりは飲み屋のフロント」で、お酒をついでお客さんと会話をするのが仕事。明け方まで仕事をしてストックヤードで寝て、そこから朝出勤するという日々を過ごしていた。楽しかったが、「このままじゃ、駄目になるなぁ」と感じていた頃、音楽フェスがはやり始め、洋服の世界に「オーガニックかっこいいな」という流れが登場し、耕太さんはオーガニックを意識するようになった。

友人の誘いで愛知県にある佐久島に出かけた帰り道、一人で三重県を旅した。旅人初心者だった耕太さんは偶然、三重県亀山市にあった「月の庭」という店にたどり着く。残念なことに2011年に閉店してしまったが、独特の雰囲気がある人気の高い店だった。「人種が違っても、アレルギーがあっても、同じテーブルを囲みたい」という店主の思いをベースに、雑穀と旬の野菜を使った料理を提供していた。

お店の雰囲気が気に入ったうえ、近くで泊まれる場所をスタッフにたずねたら、「うちにおいでよ」と誘われて泊まるという経験をしたことで、横浜に帰ってからも「あの店よかったな」と思い返していた。そして半年後、「月の庭」でスタッフを募集していることを知る。

耕太さんは2年半、月の庭で料理を学んだ後、アルバイトでお金を貯めて海外に旅に出た。アジアからメキシコまで1年半かけて巡り、その後の2年半はメキシコのサン・クリストバル・デ・ラス・カサ

ランチプレートを持つ保木本耕太さん

スという移住者が多くメキシコらしい美しい色彩があふれる街に住んで、おしゃれな日本食レストランを手伝っていた。メキシコが雨期になる夏の間だけ帰国し、北アルプスにある山小屋でアルバイトをして、またメキシコに戻るという暮らしをしていた。

メキシコを引き上げて日本に戻ってきたとき、月の庭で一緒に仕事をしていた加藤俊介さんが愛知県犬山市でオーガニックカフェ「星月夜」を始めていた。「本気で料理をするなら入るか」と誘われて働きはじめる。あずささんとはこの頃友人の紹介で出会って、結婚した。

新規就農をめざす

星月夜3年目の頃、俊介さんから「このまま続けるか、それとも独立するか」と問われた。

「ちょうど、『自分で農業をして食べ物をつくりたいな』と思っていたところでした」

さっそく、「星月夜」で開いていたホシヅキマーケットの出店者で、農家の加藤智士さんに相談した。智士さんは同じ歳。名古屋市から朝市村を通して白川町に移住し、有機農家になっていた。「白川町に来なよ」と智士さんは耕太さんを誘い、あずささんも「街に住むよりは田舎のほうがよかったし、耕太さんが『行きたい』というから、『ああ、そうなんだ』というような感じでした」

移住を決めたとき、あずささんは妊娠していた。白川町の位置があずささんの実家がある関市からそれほど遠くなかったことも、決め手になったのかもしれない。

最初は研修施設「くわ山　むすびの家」で仮住まい。研修中は町営住宅に入れてもらうことができた。研修終了を前にして、苦労したのが家探しだ。

「家が見つからず、白川町以外の場所を探すしかないかも、ということになって、近くの八百津町や恵那市にも行きました。

今住んでいる家が空いていることは知っていたのですが『売りに出される』と聞いていて、条件的に難しいかなと思っていました。『白川とはもうご縁がないかな』とちょっとあきらめはじめた頃に、この家を借りることができそうだと、近くで新規就農して有機でイチゴを栽培している長谷川泰幸さんから連絡をもらいました。見せてもらったら『ここ、すごくいいな』ということになって、すぐに決めました」

半農半Xでハードルが下がった

農地面積は畑が3反と田んぼが3反。これ以上増やすつもりはないという。野菜ボックスをつくって送っているので、野菜は年間40種類つくる。野菜ボックスは7月から12月の期間限定だが、加工用も含めて3反の畑は夏から秋にかけてほぼフル回転している。セットには旬の野菜を簡単においしく食べるレシピ『シェフのまかない』を入れて15人に送っているが、ボックスをつくることが負担になってきたので、少し数を減らす予定だ。

耕太さんは研修に入るまで農業体験がなかった。

「最初から『全農』ではなく『半農』でやろうと思っていたので、農業についてはあまり心配していませんでしたね」

耕太さんは「半農」の対になる言葉として、「全農」という言葉を使っている。農業だけで暮らすという意味で、「専業」ということになるのだろう。「半農半X」という言葉が存在していたおかげで、農業の高いハードルが下がったように感じていたらしい。

耕太さんがXとして思い描いていたのは、「もちろん、ぼくの料理とあずさのケーキです。自分がつくった野菜の料理とか、自分たちで育てたものを加工してケーキに組み込むとか、そういうイメージでした。ジャムや野菜のパテのような瓶詰めの加工品もつくっていく予定でしたが、それはこれからです」

自宅前にある畑で。小高い景観の良い場所にある

加工品づくりが予定通りにすすまないのは、白川町の気候条件も大きい。夏から秋は米とトマト、そしてセットづくりで忙しい。原材料がとれる時期も夏から秋だから、同時期に農作業が集中して、加工まで手がまわらない。冬になると時間はとれるが、加工に使える新鮮な原材料がなくなる。

いまは耕太さんが農業をして、あずささんは４歳になった羽菜ちゃんのめんどうを見ながら加工することが多いが、耕太さんは農業と加工の両方をやりたいのに思うようにできないのが悩みだ。だからと言って、いまのところ雇用するつもりはない。あずささんと二人で、できることをしたい。

だからこそ、農業と加工をどう組み合わせてバランスをとっていくかが、現在の二人の課題となっている。

「もともとやりたかったのは、自分たちで食べ物をつくることでした。それを少し多めにつくって、野菜ボックスにしてお金に換えていきたいと思っていたのですが、いまはボックスの数を少し減らし、Xにあたる加工、具体的にはケーキを秋・冬・春に増やしたいと考えています」

ケーキは小ロットなので、厳選した原材料だけを使うのはコストの関係で難しいが、あずささんは「これ以上は譲れない」というラインを決めて原材料を選び、説明できるようにすることが大切だと考えている。

原材料は自分の畑で穫れたもの、近隣の人がつくったものをできるだけ使う。すでに使っているのはサツマイモ、すぐ近くに管理している畑があるクリ、日本はちみつ、キンカン、フェイジョア（グァバの仲間）、イチジク、ラズベリーなどだ。小麦までつくることはできないが、薄力粉は岐阜県産、強力粉は北海道産で、小麦のほぼ95％は国産だ。

２０２０年の12月には、イチゴを有機栽培している長谷川さんとコラボして、クリスマスケーキをつくった。

「長谷川さんのイチゴがクリスマスに間に合って、ケーキをつくることができてうれしかった。近所の方に販売したのですが、注文をたくさんいただいて好評でした。

家に物置のようなスペースが二つあったのですが、一つは加工所に改装しました。もう1か所は販売ができる場所にして、月1回はここで販売しようと準備中です。大家さんが『何でもやってください』と家に手を入れることを認めてくださるのはありがたいです。

ケーキはどこかに運んで行って販売するのが難しいので、ここで販売したい。ここなら生菓子も販売できるし、種類も増やせます。お菓子の教室もできるといいねと話しています」

あずささんの言葉から、ワクワクしている気持ちが伝わってきた。

「現在の農業とXの収入の割合は1：1。手ごたえが感じられるようになってきました。課題はあるけれど、生活は充実しています。やりたいことができているし、一方で自分たちの限界も見えてきた。経験を重ねて内容をしぼっていきつつ、次につなげていきたい」と耕太さんも力を込める。

生業としての半農業へ——伊藤和徳さん

Xを探し求めて

　１９７８年生まれの伊藤和徳さんには、中学生の頃から「環境系の仕事をしたい」という希望があった。その思いをかなえて２００４年に水の浄化に取り組むセラミック関連の会社に就職したが、実際の業務の大半はパソコンに向かう仕事だった。違和感がつのるなか、手に取った1冊の雑誌から社会起業家をめざすコミュニティへの参加につながり、そこから現在に連なるたくさんの出会いが生まれた。

「なかでも一番大きかった出会いは、半農半Xの塩見直紀さんです。生活の中に、少しでも良いから、農に触れる時間をつくり、一つでも自給しながら、天職と思えることをXに当てはめて生計を立てていく生き方です」（『有機農業でつながり、地域に寄り添って暮らす』伊藤和徳ら著、荒井聡ら編、筑波書房）

　２００６年に塩見直紀さんの最初の著書『半農半Xという生き方』を読んだ。何らかのかたちで環境問題に貢献できることをやっていきたいと模索しているときだったから、半農半Xというコンセプトを知り、「まさにこれだ」と感じて、すぐにワークショップに参加する。ワークショップで塩見さんが始めたばかりの１０００本プロジェクトについて聞いた翌朝、「参加したい」と塩見さんに伝え、翌シーズンには当時住んでいた愛知県春日井市の実家から、塩見さんが１０００本プロジェクトをおこなっていた京都府綾部市まで、2～3週間に1度通った。

「ぼくが行ったとき2区画だけ空いていて、草がいっぱい生える『修行ゾーン』と草が全然生えない『楽々ゾーン』のどちらにするか聞かれました。自分へのテストのつもりで参加したので、『もちろん修行ゾーンでお願いします』と答えました。がんばったはずでしたが、田んぼは一面コナギで覆われましたね」

それでも草取りは楽しく、この体験後、半農半Xで生きていこうと決めて、道を探りはじめた。まず取り組んだのは、自分のX探しだ。

「でも、Xってなかなかすぐに見つからないんですよね。お金にできて、しかも社会的な仕事となると、なかなか見つかるものではなくて。ワークショップや有機農家での体験などに参加しながら模索する日々でした」

当時はインターネットの情報も少なかったが、のちに就農地につながるきっかけとなったストローベイルハウス（直方体に圧縮したわらのブロック「ストローベイル」を壁の芯にして土を塗った家）のワークショップなどに参加したり、著名な有機農家を訪れたりしていた。

「半農半Xならやめろ」と言われたが

静岡県富士宮市のビオファームまつきの松木一浩さんの元を訪れ、丸一日仕事を手伝ったときのことだ。

「半農半Xでやるなら研修しなくてもいいよ。有機農業を本気でやるなら、半農半Xは忘れなさい。半農半Xみたいな甘い考えでは農業はできないからやめなさい」と言われた。

「へこみました」

それまで有機農家に農業研修に行こうと思っていたが、同時に将来は半農半Xというイメージを持っていたから、松木さんの指摘を自分なりに咀嚼することになった。

農業体験に行ってみて、農家が輝いてかっこよく見えた。そしてまだ、自分のXは見つかっていなかった。「それなら、農業にどっぷりつかって勉強してみよう」と決心した。

「今なら松木さんが言おうとしたことはわかるので

すが、その当時はわからなかった。でも、それくらいの覚悟がないと、研修させてもらえなかったでしょうね」

それから研修先を探しはじめ、山梨県の八ヶ岳山麓にある農家に3回通って、２００８年11月にＯＫをもらい、２００９年3月から1年間の研修に入る。

種採り用のゴボウの状態を見る伊藤和徳さん

半年後の２００９年10月には就農地を探すように言われて、週末を使いながら探し始めた。東海地方で就農したいという気持ちが強かったので、ストローベイルハウスでつながった塩月洋生さんがすでに移住していた岐阜県白川町にも出かけた。

２００６年に有機農業推進法ができていた。白川町は２００９年度に農林水産省のモデルタウン事業に採択され、２０１０年3月には有機農業の研修施設ができることも決まり、有機農業に取り組みやすい環境が整いつつあった。

今は移住者が増加して、移住希望者が来ても家が見つかりにくい状況にあるが、当時はまだ空き家があった。伊藤さんには将来農業体験を受け入れたいという希望があったので、地域でコーディネーター的に動いてくれた農家に「少し大きめの家がいい」と希望を伝えたところ、すぐに見つけてもらうことができた。家だけでなく畑も、そして山もついてきた。

「スムーズに決まったように見えますが、2005年から動いて就農したのは2010年ですから、年月はかかっています」

自分にとってのマルチX

伊藤さんは小学生の頃から環境問題に関心があり、抽象的なXとして「環境問題」や「自然環境を守ること」に貢献したいという気持ちがはっきりとあった。しかし、そうしたことを具体的にどういうかたちで仕事にして収入につなげていくかを、就農前に見つけることができなかった。しかし、「環境と共生しながら、破壊された環境を復元できたら」という思いは、農業の中でもそうした可能性をもっている「有機農業」を選ぶことにつながった。

「いまは自分にとってのXは最初からあるものではなく、見つけていくものなのかなと思っています。あれこれやっているうちに『これだな』となったり、Xが増えていったりするのがおもしろい」

そんな伊藤さんのXには、次のようなものがある。

- **EDIBLE KUROKAWA YARD**…… 食育体験。白川町黒川地区に広がっていくことを夢みて名づけた。手づくりのかまどを据えた野外調理場と生ごみを堆肥化するための堆肥舎を、クラウドファンディングを活用してつくった。めざすところは、種から食卓に至る一連の流れを、五感をフルに活用して体験しながら、自然の美しさに目をみはる感性「センス・オブ・ワンダー」を育む年間プログラム。
- **1000本プロジェクト**……塩見さんの許可を得て、伊藤さんも2反の田んぼで1000本プロジェクトをおこなっている。
- **薪火三年番茶**……白川茶はブランド茶だが、耕作放棄されている茶畑は多い。そんな茶畑を生かすために始めた。3年間あまり手をかけずに茶の木を育てて枝ごと収穫し、1cm程度に裁断。薪火の遠赤外線でじっくり焙煎してつくる。燃料には森の間伐材を使える。

・森を想うプロジェクト……白川町がおこなった「30年後の白川町を想像して新たな魅力を発見し、地域を活性化していくためのプログラム」に参加して見つけたX。森が健全であることで、田んぼや畑、さらには生命が守られる。整備が行き届かず、本来の機能が果たせなくなってきた森を守るプロジェクト。実際に伊藤さんが借りている田んぼは大雨が降ればすぐに増水し、雨が降らないと水が入らない。森の保水力が落ちているあかしだ。

・地域の子どもたちの家庭教師……塾に通うのが難しい地域なので、家庭教師は子どものいる家庭で喜ばれている。

・ノートの使い方を教える講師……講師の資格を持ち、少人数の講座をおこなう。

半農業半Ｘで生きていく

白川町の農業は、小さな中山間地域の農業だ。広くまとまった農地は少なく、効率が悪い面もある。

暑い夏でもナスの周囲に残した草が、水分の蒸発を防いでくれる

冬の寒さが厳しいので、野菜類を栽培できる期間は8か月。こうした場所だからこそ、できるときは全力で農業に励み、冬は楽しみながらXに取り組む。伊藤さんはいま田んぼ7反、畑7反で1町4反の農地をまわしているから、自給自足的な農業とは言えない規模になっている。

「よそから見れば半農半Xという言葉でくくられるかもしれないけれど、自分としては生業《なりわい》としての農業をしっかりやりつつXもやっていく、『半農業半X』でやっていきたいというのが就農して12年経ったいま、思っていることです。

最近そういう割り切りに到達したこともあって、僕の朝市村のブースは野菜が半分くらいしかないんですよ。半分は玄米麺とか三年番茶、冬は杵つき

学生たちと企画し、自宅前に小さな直売所「ごろごろ小屋」をつくった

餅、新顔の松の葉とか」

黒米玄米麺はゆでる必要がなく、だし汁をあたためてそこに麺を投入して3分煮ればいいという手軽さ。和洋どちらでも使える。人気のお餅は本物の杵つき。毎回、かまどで蒸したお米を伊藤さんが杵でついている。体力の限界がお餅の量を決めることになるが、最高記録は1日26升とのこと。原材料の黒米や餅米は、もちろん伊藤さんが栽培したものだ。妻の純子さんはデザイナーとしてパッケージやラベルを手がけ、商品化を強力にサポートしている。さまざまな体験も裏方として支える純子さんなくしては成立しない。

松の葉は薬膳を勉強しているお客様から、「いま和のハーブが見直されていて、なかでも松の葉茶がとってもいいわよ」と教えてもらって、朝市村のブースに並べるようになった。お客様が使い方の説明書をつくってくれたり、別のお客様に広めてくれたりで、500円の松葉の束が毎回20束近く売れていく。白川町のような中山間地には、そうした森の

河原に設置したテントサウナの内部

恵みがたくさんある。

自然栽培の野菜づくりを発信

「僕は朝市村のような場所で、お客さんが何軒かの農家と親しくつながることがこれからとても大事だと思っているのですが、僕たちががんばって有機農産物を供給しようとしても、小さな家族農業だから限界があります。

　一方で、野菜は買うだけでなく、少しでもいいから育てる時代になりつつあるのではないかと思っています。まずはベランダ菜園から。そこから、市民農園を借りるとか、白川町まで来てもらってうちの畑の一部で野菜を育ててもらうというように広げていくというように」

「自分で野菜を育ててみたい人に情報を伝えたくて、２０２０年に『半農半Xアカデミア』[1]というコミュニティを立ち上げました。２０２０年は塩見さんが監修に入ってくださって、『パンデミックの時代だからこそ、半農半Xは強いよね』ということを共有できました」

　半農を自然栽培で取り組んでもらえたらと願う伊藤さんが、自然栽培で自給野菜をつくっていくコツを伝え、Xについては塩見さんが伝えた。

「塩見さんはXを直接教えるというより、考えるためのワークを提供して、それをきっかけにXを自分で見つけてくださいねというアプローチです」

　伊藤さんはそのワークをやって、またやりたいことを見つけてしまった。少し前からサウナが大好きになり、テントサウナを購入して楽しんでいたが、水がきれいな黒川の河原にテントを設置して、外部からやって来る人に楽しんでもらっている。さらには川べりに専用の小屋を建ててサウナを楽しめるよう計画中だという。

「農業の後のサウナは、いいですよ」

農業を始めて12年経った。

「上から見ると、くるりと回って原点に戻っているように見えるけれど、らせん階段のように上に登っている感じ。12年前に考えていた半農半Xとはちょっと違うけれど、半農半Xの中で塩見さんが大切にしていることはよりわかったような気がするし。それをみんなで共有したいなという思いもあります」

〈注釈〉

（1） 自然栽培 DE 半農半Xアカデミア
https://on-line-school.jp/course/jibundesignacademia

第4章

報告 支援による半農半Xは「農」志向へ

ライター

三好 かやの

移住後、農業と小売りの半農半Xを実践（島根県邑南町）

手厚いサポートと働き方の態様
～島根県の取り組みから～

■

過疎発祥の地 U・Iターンのサポート充実

県全体の８割を森林が占める島根県は、全国に先駆け人口減少が顕在化し、日本で初めて「過疎化」という言葉が生まれた地でもある。これを深刻に受け止め、１９９３年「公益財団法人ふるさと島根定住財団」を設立。県外からＵターン、Ｉターン希望者を積極的に招き入れ、一次産業や伝統工芸、介護などの仕事に従事しながら定住の道を探る「Ｕ・Ｉターンしまね産業体験」事業を実施している。

２０２０年度、93件の認定があり、うち約７割が県内に定住を果たした。親身に話を聞いてくれるヒアリング、経験豊富な現地スタッフによるアテンド、経済面を支える助成金など、充実した受け入れ体制で手厚く移住者をサポートしている。

この「産業体験」を糸口に、農業分野で定住を果たした移住者は、２年目から専業農家をめざしたり、「農の雇用事業」を利用して、農業生産法人などで働くなどして自立の道を探すケースが多かった。そこへ新たな選択肢として加わったのが「半農半X」への道だ。

２０１０年度より、農業を営みながらほかの仕事にも携わり、双方で生活に必要な所得を確保する「半農半X事業」を、島根らしい田舎でのライフスタイルとして推進している。

これまで移住を躊躇したり、二の足を踏んでいた人も、農産物を栽培しながらこれまで都会で身につけたスキルや経験を活かして収入を得たり、現地の農業法人や民間企業に勤務しながら地域に溶け込み、無理なく生活していく――。そんな移住スタイルに魅力を感じ、今、島根県をめざす人が増えている。

１年間の産業体験を通して将来設計を見きわめる

Uターン、Iターン希望者を対象に

島根への移住をめざす人たちが、最初の足がかりとして活用しているのが「U・Iターンしまね産業体験助成制度」である。

島根県にUターン、Iターン。以下の産業を体験する人たちに、滞在に必要な経費の一部を助成するというもの。その内容[1]は、

対象　県外在住のUターン、Iターン希望者

対象業種　農業、林業、漁業、伝統工芸、介護等

助成期間　３か月〜１年以内、伝統工芸は２年以内

体験者助成額　12万円／月　ただし、以下の場合は６万円／月となる。

①県内に居住している父母、または祖父母と同居の場合

②二親等以内の親族が受け入れ先となり体験をおこなう場合

③伝統工芸２年目の場合

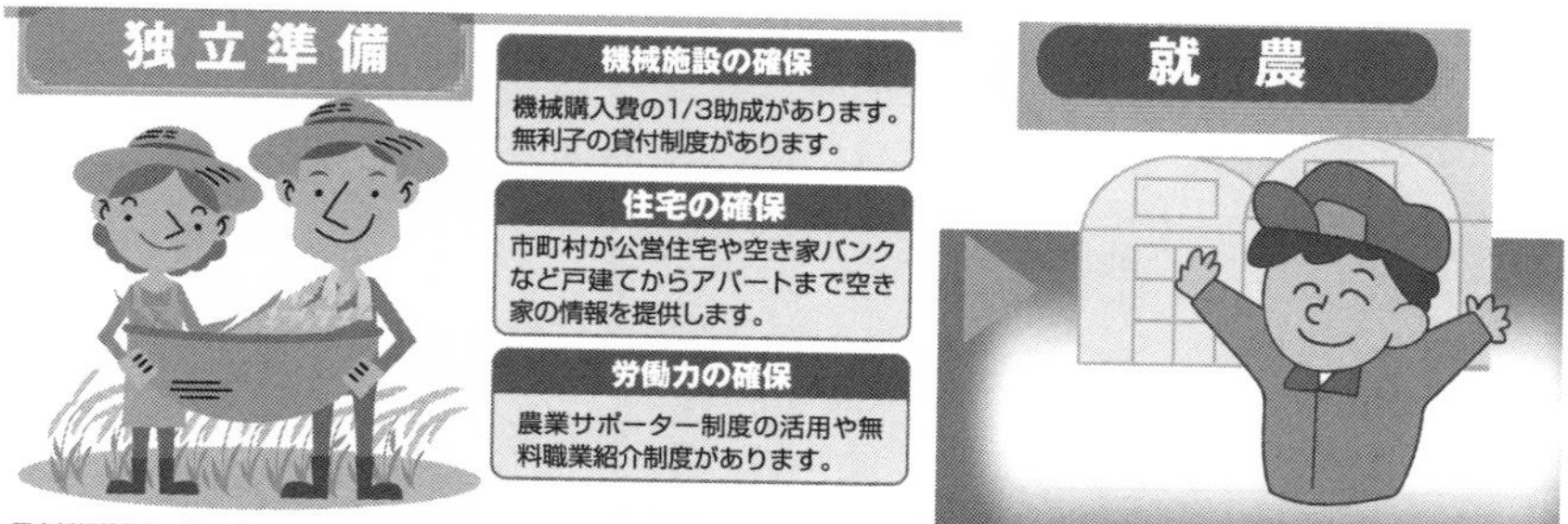
独立準備
機械施設の確保
機械購入費の1/3助成があります。
無利子の貸付制度があります。
住宅の確保
市町村が公営住宅や空き家バンクなど戸建てからアパートまで空き家の情報を提供します。
労働力の確保
農業サポーター制度の活用や無料職業紹介制度があります。
就　農

認定新規就農者：青年等就農計画（目標とする営農計画）が市町村長に認定された方
年　齢　要　件：18歳以上65歳未満（青年：18～45歳未満、中高年：45歳以上）

研修期間中、就農後のフォロー体制

研修は、知事が認定した機関での研修となります。また、各研修生ごとに関係機関による新規就農支援チームを結成し、研修期間中、就農後のフォローを行います。

農業次世代人材投資事業（経営開始型）[国]

〈対象者〉　就農時原則50歳未満の認定新規就農者の方等

〈助成内容〉　150万円／年　最長5年間
（1～3年目 150万円／年
4～5年目 120万円／年）

農業人材投資事業（経営開始型）[県]

〈対象者〉　就農時原則50歳以上の認定新規就農者の方等

〈助成内容〉　72万円／年　2年以内
※国・県とも所定の要件を満たさない場合は返還規定あり

ハウス等整備事業

新規就農者の施設の整備や市町村、農業協同組合等が新規就農者に貸し出すための施設整備に対する助成
①農業用ハウス、牛舎等の整備
〈対象者〉　認定新規就農者、認定農業者ほか
〈補助率〉　2/3以内（県1/3　市町村等1/3）
②農業用ハウス、牛舎等のリース
〈対象者〉　認定新規就農者、認定農業者ほかにハウスを貸出す指定機関
〈補助率〉　2/3以内（県1/3　市町村等1/3）

自営就農開始支援事業[県]

①機械等整備支援
農業経営を開始する場合に必要な施設・機械等の整備に対する経費助成
〈対象者〉　認定新規就農者又は認定農業者等
〈補助率〉　1／3以内　（補助金上限額：1,000万円）
〈期　間〉　農業経営開始後5年間
②改良・改修支援
継承資産活用計画に基づき、継承した施設・機械の改良・改修に対する経費助成
〈対象者〉　認定新規就農者又は認定農業者等
〈補助率〉　1／3以内　（補助金上限額：200万円）
〈期　間〉　経営継承して農業経営開始後5年間

親子連れ助成額　3万円／月（中学生以下・一世帯につき）

介護職員初任者養成講座　受講にかかる経費のうち上限7万2000円を助成（介護の場合のみ）

つまり、夫婦で産業体験を受け、子どもと一緒に移住すると、体験者助成12万円×2人＋3万円（親子連れ助成）＝27万円／月の助成が受けられるほか、移住先により、さらに市町村によっては、上乗せの助成も受けられる仕組みとなっている。

1年かけて定住を見きわめる

この制度がとても有効なのは、実際も現地に移り住んで、本腰を入れて定住するか否か、1年かけて見きわめられること。

実際に意を決して移住したつもりでも、病気やけがなど、想定外の事情で断念しなければならないこともある。

新規就農者が利用する、国の「農業次世代人材投資資金」や島根県の「半農半X」事業は、期間中に

就農計画の策定
市町村、県農業部が計画の作成を協力します。

資金の確保
国、県から生活費の助成があります。(72万〜150万/年)

農地の確保
市町村など関係機関が農地を探します。地域・農家からの信頼により農地を借りることができます。

研修機関で学ぶ

島根県立農林大学校(農業科)
※研修機関の一例
①有機農業、野菜、果樹、肉用牛専攻
基礎から応用まで2年間学べるコースです
②短期養成コース
農業経験や社会人経験があり、速やかに就農を希望する方を対象に農業経営に必要な技術知識を1年間で集中的に学べます。(入学時期は4月と10月)

農業次世代人材投資事業(準備型)[国]
〈対象者〉就農予定時原則50歳未満の者で、県農林大学校等の研修機関で研修を受ける方
〈助成内容〉150万円／年　最長2年間

農業人材投資事業(準備型)(県)
〈対象者〉就農時50歳以上の方で研修を受ける方
〈助成内容〉UIターン者12万円/月　12ヶ月以内
県内者6万円/月　12ヶ月以内

農業法人等で働きながら技術習得

担い手育成協定制度[県]
・「独立・自営を希望する研修生を雇用し、独立に向けた研修を行う」農業法人等と県が、担い手育成協定を締結しています。
・雇用就農から将来自営就農を目指す方にピッタリ

農の雇用事業
〈対象者〉50歳未満の研修生を新たに雇用し、就農に必要な技術・経営ノウハウ等を習得させるための研修を行う農業法人・経営体
〈助成内容〉研修生1人あたり年間120万円(本人への交付はありません)

集落営農雇用支援事業[県]
〈対象者〉50〜64歳の研修生を新たに雇用し、就農に必要な技術・経営ノウハウ等を習得させるための研修を行う集落営農法人
〈助成内容〉研修生1人あたり年間最大120万円(本人への交付はありません)

認定新規就農者の方は以下のような制度が利用できます。

青年等就農資金[国]
青年等就農計画の目標達成を図るために必要な施設・機械の取得等に対する資金
■貸付利率　無利子
■借入限度額　3,700万円(特別の要件を満たす場合は1億円)
■償還期限　12年以内
■据置期間　5年以内
■担保等　実質無担保・無保証人
■取扱金融機関　株式会社日本政策金融公庫等

注：「あなたも島根で農業しませんか（2021年度版）」より抜粋

営農を中断する場合、助成金の返還が義務づけられているが、島根の「産業体験」にはそれがないため、1年かけてじっくり検討できるのも、この制度の魅力。また、この事業には年齢制限がない。

ふるさと島根定住財団によれば、「漁師志望の16歳の青年から、シイタケの菌床栽培に挑戦する70代まで、幅広い年齢層の人たちが利用して、定住をめざしています」

とのこと。もちろん未成年の場合は、保護者の同意が必要だが、年齢に関係なく定住希望者を受け入れる懐の深い制度でもある。

同財団では、東京、大阪、広島で希望者向けの相談会を定期的に実施していたが、新型コロナウイルス感染症の流行以降は、ウェブ上で個別相談を実施。オンラインでヒアリングをおこない、相談したうえで、実際にどの市町村でどんな仕事に従事するのがマッチしているのか、現地を訪れ見学し、定住の道を探るサポートをおこなっている。

営農による販売金額が年間50万円を超えるように

新たな選択肢としての半農半X

「産業体験」を経て、2年目からどうやって生計を立てていくのか。かつては専業農家として独立し、自営就農をめざすケースが多かった。そこへ新たな選択肢として、11年前に始めたのが、「半農半X」への道である。それは農業に加え、X＝別の仕事にも携わりながら、双方から生活に必要な所得を確保していく暮らし方を、島根でのライフスタイルとして推進するというもの。

その背景には、「いきなり農業所得だけで暮らしていく自信がない」「農業と、これまでの仕事も生かして暮らしたい」など、定住後のライフスタイルに関するビジョンも多様化していることが挙げられる。事業の内容は以下の通りだ。

半農半X実践者となる主な要件

①県外からU・Iターンしておおむね1年以内
（地域おこし協力隊従事期間などは除く）
②農業経営開始時の年齢が原則65歳未満
③販売金額が50万円以上の営農予定→各市町村が
定めるモデルに照らして認定を受ける

つまり営農開始後5年以上は、県内に定住して農業を営むことが条件で、それを達成できなければ助成金を返還しなければならない。また、たとえ小規模でも営農して販売実績を残すことも必要で、年度初めには、年間農業販売額が50万円以上を達成するための計画書を作成し、県の担当者に提出。もしこれが達成できなければ、内容を確認し、計画の練り直しが求められる。

あくまでも農業に携わることが条件だが、もう一つのXはどんな仕事で、どれくらいの所得を得るかは、本人の裁量に任される。経営状況は人によって様々で、必ずしも農とXの比重が半々とは限らな

島根らしいライフスタイル“半農半X”の取り組み

1．“半農半Ｘ”の取り組み

島根県農業経営課（2021.3時点）

・H22年度から、農業を営みながら他の仕事にも携わり、双方で生活に必要な所得を確保するしくみ、いわゆる“半農半Ｘ”を島根らしい田舎でのライフスタイルとして推進。
・H22年度当初は農業＋α事業としてスタートしたが、半農半Ｘの提唱者塩見直紀氏の了解を得て、H24年度から半農半Ｘ事業としてリニューアル。これまで85名が認定、うち定着者は79名。家族を含めると136名が定住・定着。
・79名の実践者のうち77名が中山間地域居住での認定であり、中山間地域の定住対策にも寄与。
・中には、認定新規就農者へ移行する意欲のある実践者も出てきている。
・半農半Ｘ実践者の約７割は、ふるさとしまね定住財団の産業体験事業を活用後就農。

◆　実践者への助成メニュー

① 就農前研修経費助成事業　（最長１年間）
　→ 就農前の研修に必要な経費等12万円/月を助成
② 定住定着助成事業　（最長１年間）
　→ 定住開始後の営農に必要な経費等12万円/月を助成
③ 半農半Ｘ開始支援事業（ハード事業）
　→ 営農に必要な施設整備の経費の1/3を助成

◆　半農半Ｘ実践者となる主な要件

① 県外からＵＩターンして概ね１年以内
　※地域おこし協力隊従事期間等は除く。
② 農業経営開始時の年齢が原則65歳未満
③ 販売金額が50万円以上の営農予定
　→ 各市町村が定めるモデルに照らし認定
※農業経営開始後５年以上は、県内で営農を行う必要

2．“半農半Ｘ”実践者の概要

カテゴリー	具体的な「Ｘ」 ※複数回答	実践者数
半農半農雇用	農業法人勤務、集落営農勤務、加工所勤務など	32名
半農半蔵人	酒造会社（杜氏）	5名
半農半除雪	スキー場勤務、高速道路除雪	8名
半農半サービス	道の駅勤務、ホームセンター勤務、コンビニエンスストア勤務、新聞配達など	32名
半農半自営業	庭師、左官、カメラマン、草刈、家庭教師、ハンドメイド（手芸）など	10名
半農半漁	河川漁業	1名

【市町村別内訳】（人）

市町村	人数	
松江市	3	
浜田市	13	→ 市独自の研修制度あり
益田市	3	
大田市	4	
安来市	2	
江津市	4	
邑南町	11	→ Ａ級グルメ 子育て日本一
美郷町	3	
川本町	1	
津和野町	5	
吉賀町	26	→ 有機農業が盛ん
西ノ島町	2	
知夫村	2	
計	79	

特徴のある石見部の市町に実践者が集中

○性別

男性	女性
60名	19名

○年代別（認定時年齢）

20代	30代	40代	50代	60代
13名	31名	20名	9名	6名

○移住形態

Ｕターン	Ｉターン
14名	65名

○移住元　※夫婦共同実践：2組

関東	中部	近畿	中国	四国	九州	海外
18名	6名	24名	17名	3名	10名	1名

○作物内訳（複数回答有り）

水稲	露地野菜	施設野菜	花き	果樹	その他
21名	51名	19名	6名	4名	17名

【“半農半Ｘ”の特徴、総括】

○農業法人等に勤める半農半農雇用や地域内のサービス業に携わる半農半サービスのタイプが多く、この他にも酒蔵や除雪といったＸもあり、中山間地域の労働力不足を補完している。
○限界集落に２組６人の半農半Ｘ家族が入り、地域活動が活性化した事例もある。
○地域の定住や経済に一定の効果がある反面、実践者が地域農業の担い手へ移行するケースは２割弱。当初想定していた地域農業の維持・振興には繋がりにくく、最終歴に定住、移住の機運も衰退。
○島根県として、半農半Ｘの支援は今後も維持するが、将来的に地域農業の担い手となり得る者の育成を推進する戦略が必要。

島根県では有機栽培の取り組みが４年で１・５倍に増えている

い。農業の比重が1で、Xが9というケースもあれば、徐々に農業の比重が上がって自営就農をめざす人もいる。

こうして半農半X実践者には、以下の助成メ

実践者（中央。2014年にUターンし、就農）が視察者に概況を説明

ニューが用意されている。

実践者への助成メニュー

①就農前研修経費助成事業（最長1年間）
就農前の研修に必要な経費等12万円／月を助成

②定住定着助成事業
定住開始後の営農に必要な経費等12万円／月を助成

③半農半X開始支援事業（ハード事業）
営農に必要な施設・機械整備の経費1／3を助成（上限100万円）

つまり最初の1年は産業体験事業を活用して定住先を見つけて、月額12万円の助成を受け、さらに就農前と就農後2年間、半農半X支援事業を活用して、自立の道を探る。そんな手厚いサポートを受けて定住の道へ。実際にこれまでの半農半X実践者の約7割は、前述の「産業体験事業」を活用した後、就農を果たしている。

島根県で「半農半X」実践者への支援が始まって

11年。これまでの実践者85名のうち定着者は79名。その家族も含めると１３６名が定住・定着を果たした（２０２１年3月現在）。手厚いサポートと充実した各市町村の受け入れ体制により、高い定着率を誇っている。

半農半Ｘ実践の際の「Ｘ」は人それぞれ

では、半農半Xの実践者たちは、農業とどんな仕事を組み合わせて、生計を立て、暮らしているのだろう？　いくつかに分類される。

半農半農雇用

自ら作物を栽培するかたわら、農業系の法人に勤務するスタイル。最も多いのは稲作系の法人だ。島根県は中山間地の小規模な水田が多く、農地の集積が難しい。そのため集落全体の田畑の農作業を共同で実施する集落営農が盛んだが、高齢化により人手不足に悩む地域も。そこで組織を法人化して若手を稲作のオペレーターとして雇用するケースが増えている。集落全体で所有する田植え機やコンバインなどに乗り、作業をおこなう他、多角経営を実践している法人では、露地や施設で野菜の栽培に従事することもある。また、稲作の盛んなエリアでは、農産加工にも力を入れているので、地元産のもち米を原材料に、餅やかき餅、菓子類の製造をおこなう加工所に勤務する人も。夫婦で就農する場合、夫は農業法人、妻は農産加工所勤務というパターンもある。

半農半蔵人

県内の酒造メーカーで蔵人《くろうど》（杜氏）として働く。主な仕事は冬なので、農作業との相性もよい。

半農半除雪

中国山地の豪雪地帯では、冬の間スキー場や高速道路の除雪作業に従事する人も。除雪車の種類や規格に応じた免許や資格が求められる。

半農半サービス

もともと従事していた仕事のスキルを生かし、地域のショップや施設に勤務。職場は道の駅やホームセンター、コンビニ、温泉施設、新聞配達、保育士など、多岐にわたる。

半農半自営業

手に職を持ち自営で活躍する人が、前職を生かしながら定住するケース。庭師、左官、カメラマン、家庭教師、手芸のハンドメイド作品の販売と多士済々。移住前から培ってきた特技を生かしている。

半農半漁

夏場に河川で漁業権を得て、アユなどの川魚を漁獲。そこから収入を得ている。

これまで培ってきたスキルを生かすもよし、新天地で人材を求める企業で働くもよし、新たな仕事を興すもよし。多彩な働き方がある。

有機農業を始めるなら先進地・推進地へ

島根県は、過疎化対策だけでなく、全国にさきがけて有機栽培を推進している県でもある。そこに魅力を感じて移住する人が増えている。

島根県は２００７年度「島根県有機農業推進計画」を策定し、有機農業を推進。11年、県内全域で２７３haだった有機農業取り組み面積は、４年後の15年には４００haと1・5倍に急増。同年の有機ＪＡＳ認定圃場割合は、０・６１５％と全国１位になっている。

南北に長い島根県で、特に有機栽培が盛んなのは、安来《やすぎ》市、美郷《みさと》町、江津《こうつ》市、浜田市、吉賀《よしか》町の５市町。なかでも「半農半Ｘ」実践者が多いのは吉賀町の26人と浜田市の13人で、これまで移住を果たした79名の約3割を占めている。

吉賀町は、島根県の最西端。広島県に隣接する中山間地域に位置する人口６０００人ほどの小さな町が、「半農半Ｘナンバー１」に輝いたのはなぜか？現地の様子を次項で報告する。

〈注釈〉

（１）くらしまねっと
https://www.kurashimanet.jp/

アパレルから転身
意を決して「有機の村」へ

■

《半農半Xな人①》

河野 梨恵さん

島根県鹿足《かのあし》郡吉賀町《よしかちょう》の木部谷《きべだに》地区。河野《かわの》梨恵さん（44歳）は、坂道の途中にある自宅の入り口で、野菜の袋詰め作業をしていた。6月半ばの品目は、レッドとグリーンのロメインレタス、非結球のグリーンリーフ、やわらかな葉が特徴のオークリーフ、そしてミズナ。葉物野菜のオンパレードだ。

「今、レタスの旬の時期なんです」

有機野菜の栽培が盛んな吉賀町へ移り住んだのは3年前。農薬を使わずに有機栽培で野菜を育てているが、葉っぱに虫食いの跡はなく、いずれもシャキッとしていておいしそうだ。特にミズナは葉先までピン！　としていて美しい。

「葉物は特に虫がつきやすいのですが、手間はかかっても防虫ネットをかけて育てると、だいぶ防げます」

ネットやイベントでリサーチ
「有機の村」の存在を知る

アパレル業界からの転身

河野梨恵さんは、２０１８年「ＵＩターンしまね産業体験」（以下、「産業体験」と略）を活用して東京から吉賀町へ移住。それまではアパレル企業でデザイナーとして活躍していた。翌年島根県の「半農半X」事業を利用して、就農すると、先に移住して10年前から有機農業に取り組んでいた河野雅俊さん（40歳）と結婚。現在は二人で「かわの農園」として出荷している。

自宅前にある畑での河野梨恵さん

自身は横浜市出身。服飾専門学校を卒業して以来、ずっとアパレル業界一筋で働いてきたが、周囲の人たちが次々体調を崩すなか、健康の源である食の世界への関心が高まっていった。

「もともと洋服のデザインをやっていたので、ものづくりが好きなんです。自分で食べるものを自分でつくってみたい。そうだ、農業をやってみよう」

とはいえ農地の少ない東京での就農は難しい。どこかへ移住しなければ。そこで思いついたのは、なぜか縁もゆかりもいない島根県だった。

というのも、移住するずっと前、島根を訪れ出雲大社など定番の観光地を旅したことがあった。地元の人たちが気さくに声をかけてくれて、「あったかい人が多い」と感じた。そのときの印象がよかったので、移住するなら島根と思ったが、現地に知り合いはなく、ネットで島根を中心に移住情報を探し始めた。すると「新・農業人フェア」[1]や「移住相談会」など、毎月のようにイベントが開かれていることがわかった。

なかでも移住を考えるうえで、存在が大きかったのは「しまことアカデミー」[2]。それは、島根をフィールドに地域を学び、実際に出かけて、自分と島根の関わり方を見つける連続講座で、より深く自身と島根のつながりを考える機会となった。

消費者グループとも連携

島根在住の知り合いも増え、実際に現地へ足を運ぶようになり、10回ほど通いながらリサーチをすすめるうちに「40年前から有機栽培に力を入れている村がある」ことを知る。

それは島根県の最西端にある旧柿木村。05年合併により吉賀町となっている。元役場職員の福原庄史さんが、40年以上前に有機栽培をスタート。行政や消費者グループとも連携しながら、中山間地域に有機農業を広め、多くのU・Iターン希望者を受け入れてきた。

梨恵さんは、島根に「有機の村」があることを知り、期待が膨らむ反面、ちょっと心配でもあったという。

「自然を大切にする『有機の村』だから、『合成洗剤は使うな』とか『リンスには酢を使え』とか、厳しい掟があるんじゃないか。でも実際に来てみると意外とみんな普通に暮らしているので、安心しました（笑）」

品目を絞り生協へ出荷

町が住まいや農地をフォロー

最初の1年は、町が運営する「お試し住宅」に住み、「産業体験」を利用して有機栽培を学んだ。2年目は「半農半X事業」を活用。月12万円の助成を得て、栽培のかたわらグリーンコープの配送の仕事もおこなっていた。

結婚後、町の「よしか移集支援員」の木村充さんの紹介で、研修先の農家に近い現在の家へ。築年数は古いが、何度も手直しした形跡があり、快適に暮らしている。このように移住に欠かせない住まいや農地、暮らしに関する情報も、町の担当者がフォローしてくれている。

収穫したミズナ。シャキッとしている

現在、栽培面積は1・5ha。うち30aは水田でお米も栽培している。有機栽培の生産者が集まる「食と農・かきのきむら企業組合[3]」に所属。ここを通してグリーンコープへ野菜を出荷している。その先で、安全な食品を求める西日本の消費者が待っている。それだけに農薬や化学肥料の不使用、栽培履歴の提出など、独自に定められた出荷基準をクリアすることが求められている。

誰が、いつ、どれくらい、どんな野菜をつくるかは、組合員が相談して決める。あらかじめ販売ルートが確立されているので、栽培に専念できるのも心強い。

「有機農業塾」でスキルを磨く

現在も月に2回開催される「有機農業塾」に参加してスキルを磨いている。基本は露地栽培で、レタスが終わったら、シシトウガラシの出荷が始まる。さらにハウスで菌床キクラゲも栽培している。

栽培を続けるうえで、最も重要なのが土づくり。河野夫妻は、鶏糞や牛糞など畜産系の堆肥ではなく、ライ麦やソルゴーを育て、緑色のうちに土に鋤き込む「緑肥」を活用している。

「動物系の堆肥を使うと、虫が出やすいという話も聞きますし、緑肥や野菜の残渣を畑に戻して、土づくりをしています」

と、梨恵さんは話す。意を決して吉賀町へ移り住み、やりたいと願っていた有機農業ができるのがうれしい。周囲に有機農家が多いので栽培しやすいのもいい。

「ずっと洋服の世界で働いてきたので、いつか綿花を育ててみたい」

気がつけば、ずっと触れてきた布の原材料をつくるのも農業だった。畑から糸や生地をつくり出す。そんなことも考えている。

ソルゴーなどを育て、緑肥として畑に鋤き込む

〈注釈〉

（１）　新・農業人フェア
https://www.shin-nogyojin-yumex.com

（２）　しまことアカデミー
https://www.shimakoto.com

（３）　食と農・かきのきむら企業組合
https://www.syokutonou-kakinoki.jp

コンビニの激務を離れ
夫婦で移住を決意

■

《半農半Xな人②》

長谷川 智則さん、啓子さん

長谷川智則さん（39歳）、啓子さん（40歳）夫妻は、吉賀町へ移住して3年目。最初の1年は「産業体験」を活用し、有機栽培の先輩農家の河口貴哉さん（２１７頁）のもとで研修を体験。翌年は「半農半X」事業を活用。二人で地元の温泉宿泊施設で働きながら、就農に向けて資金を貯めていた。

そして２０２０年、いよいよ農家として独立。サトイモとミニパプリカを合わせて30ａで栽培し、出荷し始めている。

将来を話す間もないほど忙しい日々

まずは「新規就農」などの情報収集

智則さんは神戸市内のコンビニエンスストアの店長として働いていた。24時間営業で、顧客対応はもちろん、スタッフの管理も任されていた。

「移住する2年ぐらい前から、人手不足が深刻になっていました」

求人を出しても、頼りにしていた学生が集まらない。雇われ店長の身だったので、シフトに穴が空けば自分が埋める。ほとんど休みがとれない日々が続き、「このまま続けていたら、病気になってしまう」と心配していた啓子さんもまた、同じ店でアルバイトとして働くようになった。一緒に働いていても、将来について話し合う時間が持てない。それほど多忙をきわめていた。

「とにかく今の仕事を辞めよう。一度リセットしなければ、何も考えられない」（啓子さん）と、退職を決意。しばらくは放心状態で何もする気になれなかった。

智則さん自身、農業経験はなかったが、店を辞める前から漠然と「田舎で農業しよう」と考えるようになっていた。図書館へ通い、「新規就農」や「有機栽培」について書かれた本を片っ端から読み漁り、情報収集する日々が続いた。

U・Iターンフェアで吉賀町のブースへ

一方、啓子さんはインターネットで「地域おこし協力隊」や各都道府県の移住に関する情報を探していた。そこで見つけたのが大阪で開催される「しまねUターン・Iターンフェア」だった。大阪なら電車で行けると、2月に開催されたフェアへ。最初は地域おこし協力隊を求めていた川本町のブースを訪ねたが、冬の作業はなく「本気でやりたいなら、夏にまた来てください」とのこと。

失職中の長谷川夫妻は、1日も早く新天地を見つけたい。「有機栽培をやりたい」と話すと、吉賀町のブースを紹介された。そこで話を聞いてくれたのは、よしか移集支援員の木村充さん。「一度現地に来てみては」という話になり、最初に訪れたのは4月10日。まだ雪が残っていた。

「移動しながら中国山地の山々を見たり、町を流れる川の水もきれい。農家さんのお話を聞くうちに、ここへ移住しようと決めました」

トラクターと倉庫つきの家を購入

「産業体験」後、半農半Xの事業を活用

最初の1年は「産業体験」事業を活用。先輩農家の河口さんのハウスに通い、研修を積んだ。

「1年目の産業体験は、農業で本当にやっていけるかを確認する期間。やっていけると思ったとき、半農半Xの事業を活用することにしました」

2年目の「半農半X」事業期間中も、一人月額12万円の助成を受けられる。そこで長谷川夫妻は、週4日アルバイトへ。智則さんは温泉施設で接客、啓子さんはまた別の温泉でフロント業務に携わっていた。

「研修先の河口さんにもお願いして、この年はひたすらお金を貯めようと稼ぎました」

本格的に就農すると、公的資金を利用しても農業機械や資材を購入するために費用がかかる。できるだけ資金を蓄えておきたかった。

そんな長谷川夫妻は、２０２１年5月急遽高尻地区に家を購入し、引っ越した。三角屋根のログハウス風の家で、ロフトがあって二人で住むにはちょうどよい広さ。もともと渓流釣りが得意なIターン移住者が建てたものだったが、体を壊して手放すことに。ここが空き家になったこともまた、木村さんが教えてくれた。

物件との出会いもタイミング

そこには農作業用の倉庫、トラクター（21馬力）や、草刈りに必要なハンマーナイフモアなども残されていた。持ち主はこれらの農業機械を「使ってくれる人に託したい」と、機械もセットで譲ってくれたのだ。

初めて吉賀町へ来たとき、移住者専用の「お試し住宅」もすすめられたが、最長2年で出なければならないので、最初から賃貸の家を借りた。広さは十分だったが、農機具を置いたり、収穫した作物を洗ったり、袋詰めする場所がなかった。移住して農業を始めるとき、単なる住居ではなく、農機具の倉庫や作業場が自宅の近くか敷地の中にあるほうが、ずっと作業効率がいい。

徐々に増える農機具をハウスに置いていたが、それも手狭になってきたとき、この家が空いたと聞き、迷わず購入して移り住むことを決めた。

「人と同じように、物件との出会いもタイミングが大事です」

新居の前での長谷川夫婦

露地でつくれるミニパプリカと在来のサトイモなどを栽培

ピーマンの仲間には鳥獣害がない

智則さんが図書館で有機栽培に関する本を読み漁っていたとき、「やってみたい」と思い描いていたのは、多品目多品種の野菜を育て、直接家庭に送る「セット野菜」の販売だった。河口さんに相談す

ミニパプリカは露地栽培が可能

ると「初心者には難しい」とアドバイスされた。

代わりにすすめられたのが「ミニパプリカ」だった。パプリカは、ピーマンやトウガラシの仲間で、赤、黄色、オレンジのカラフルな作物。現在市場に出回っているのは、外国産が多く、国産品は環境制御型の大型ハウスで栽培されているものがほとんどで、手のひらからはみ出るほど大きい。ミニパプリカは果実は小さいものの、大掛かりな施設がなくても、露地の畑で栽培できる。ピーマンに比べ、実がなってから色づくまで時間がかかるので、収穫時期を迎えてもピーマンほど忙しくない。

また、山がちな吉賀町では、イノシシやサルによる鳥獣害が絶えないが、なぜかピーマンの仲間は食べないという。

河口さんもまた「食と農・かきのきむら企業組合」を通して、有機農産物をグリーンコープへ出荷しているが、契約している生産者の中で、ミニパプリカを栽培している人はまだ少ない。カラフルで、カラーピーマンより肉厚で甘みがあるので、組合員に人気。これをつくって出荷すれば、安定して販売できると考えたのだ。

「おいしい」と評判のサトイモ

もう一つ主要作物として力を入れているのが、在来のサトイモ。「一つはもともと地元で栽培されていた品種、もう一つは借りた畑の地主さんが、わざわざ山口県の農家さんから種イモをもらってつくっていたもので、周りの人にもおいしいと評判です」

「半農半X」も2年目。2020年は夢中で稼いでいたが、今年は「X」のアルバイトを週2日に減らし、畑へ向かう日が増え、徐々に農業の比重が高くなってきている。将来的にはニンニクやヤーコンも栽培したい。規模を拡大するよりも、施設栽培を始めたいと考えている。

「コンビニと農業、どちらも激務ですが、僕にはコンビニのほうがきつかった。精神的にははるかに楽になりました。まだ始まったばかりですが、なんとかやっていきたいと思います」

有機野菜の周年栽培を実現
新規就農者の心強い先輩

■

《半農半Xな人③》

河口 貴哉さん

吉賀町広石地区の河口貴哉さん（38歳）は、前出の長谷川夫妻を研修生として受け入れ、野菜の栽培方法を指導した師匠でもある。現在は、有機栽培でコマツナを栽培し、年間通して出荷している。

今では町内の有機農家の若手のリーダー的な存在だが、その農業の入り口は、後輩たちと同じように県の「産業体験」＋「半農半X」事業だった。

長女の誕生を契機に 吉賀町へ孫ターン

じっくり作物と向き合う

河口さんは、広島県からのIターン移住者だが、実は父と母は吉賀町出身。なので子どもの頃から何度も祖父母の家を訪れていて、高校生になると田植えや草刈りを手伝っていたほど。成人後は広島県で青果流通の仕事に就き、自前のトラックに乗り、産地から消費地へ農産物を運ぶ、多忙な日々を送っていた。

転機が訪れたのは11年前。長女の菜々美《ななみ》さんが産まれたときにさかのぼる。せっかく子どもが産まれたのに、なかなか家に帰れない。「この仕事はもう続けられん」と思ったとき、妻のなつみさんに無断でトラックを売り払い、吉賀町に住む父方の祖母に「ここで農業をやりたい」と直談判。当初は有機栽培ではなかった。

最初の年はお米だけ、次に自己流で野菜の栽培に取り組んでみたもののうまくいかず、「一から栽培を学び直そう」と一念発起。祖母の家とは別に農地つきの家を買い、他のU・Iターン移住者と同じように「産業体験」制度を活用。菌床シイタケの栽培方法を学んで、「娘に安全な野菜を食べさせたい」と野菜の有機栽培をめざした。

その翌年は「半農半X」事業を活用。とはいえ野菜を育てるかたわら、地元の農業公社で米やダイズ栽培のオペレーターとして働いていたので、「やってることは全部農業」な日々だった。それでも二つの事業を活用して、助成金も得ながらじっくり作物と向き合えたことで、「これならやっていける」と思えた。

ハウスを増やし、規模拡大

就農当初は、有機栽培のピーマン、菌床シイタケ、お米の減農薬栽培に取り組んでいたが、寝る間もないほど忙しい。菜々美ちゃんとも過ごせない。もうすぐ第二子も産まれる。これではトラックを運転していた頃と変わらない。

「ちょっと待て。根本的に何かを変えなくちゃ」

ピーマンから別の作物への転換を考えていたとき、コマツナの新品種が発売された。その名も「菜々美」(タキイ種苗)。偶然にも長女と同じ名前だったことに運命を感じた。

ハウスを増やし、家族と5人のパートタイマーを雇用して、年4~5回転。無農薬、無化学肥料での周年栽培を実現させた。気がつけば「半農半X」事業を足掛かりに、規模拡大して本格的な就農を果たしていた。

工夫を凝らして真夏も栽培

気候、環境に適した技術で

6月中旬、河口さんのハウスを訪れると緑のじゅうたんを敷き詰めたように、コマツナがぎっしりと隙間なく生えている。葉の上に小さなカエルが止まっていて、葉に穴を開ける害虫を捕食している。ハウスの中に生態系ができていて、バランスをとりながらコマツナを育てているのがわかる。

今や若手有機農家のリーダー的存在の河口貴哉さん

「アブラムシ対策として『エコピタ』という乳剤をまくのですが、成分はデンプンです。そこにトウモロコシを発酵させた液肥を散布します。真夏に太陽熱消毒するので、土壌消毒もいりません」

このように、有機ＪＡＳ認定の農産物でも使用が認められている資材を巧みに組み合わせながら、一年中途切れることなく栽培を続けている。

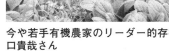

栽培が最も難しいのは夏。収穫前にハウス内に遮光ネットをかけて真っ暗にしたり、冷たい井戸水をかけて冷却するなど工夫を凝らして、栽培を続けている。

こうして育てたコマツナは、グリーンコープを通して主に九州方面へ向けて出荷している。気温の高い九州で夏場にコマツナはつくれない。それに比べ夏も夜温の低い吉賀町では栽培可能なので、大量に送り込むことができるという。こんなふうに有機栽培にも、気候や環境に適した栽培技術、販売先のニーズや他産地の状況を加味した販売戦略が必要なことが伝わってくる。

研修生を受け入れる頼もしい先輩に

河口さんのコマツナの袋には、「島根県推奨エコロジー農産物」と「島根県GAP認証」のマークが貼られている。いずれも農薬や化学肥料を使わず、環境に負荷をかけず、働く人の安全を守りながら栽培したあかしだ。

ピーマンを栽培していた頃は、日の出前からライトを照らして収穫していたが、現在は朝8時から16時頃まで働いて、夕方は娘たちをテニス教室に送っていく毎日。子どもたちに付き合う時間を持ちながら、無理のない作業体系で畑と経営を回せるようになってきた。

20代で孫ターンした河口さんは、現在38歳。その後都会からやってきて有機栽培に取り組み始めた仲間たちの中では、ベテランの域。U・Iターン希望者の産業体験も積極的に受け入れている。

「これから研修者専用のハウスをつくって、栽培の練習をしてもらおうと考えています。失敗してもいい。後は土に鍬き込むから思い切りやってほしい」

吉賀町に移り住み、半農半Xの時期を経て、有機野菜の専業農家になった河口さんは、いつしか頼もしい先輩に成長している。

ハウスを増やし、有機野菜の周年栽培へ

地域に溶け込み
レタスとピーマンを主力に出荷

■

《半農半Ｘな人④》

井上 和洋さん、真由美さん

スーパーで自分の野菜を見かけてドキドキ

最後に訪れた井上和洋さん（37歳）と真由美さん（38歳）夫妻は、自宅の作業場でレタスの出荷の真っ最中だった。コンテナにぎっしり詰められたレタスは半結球で、花のブーケのように広がっている。

「『炒《チャオ》チャオ』という品種で、シャキシャキ感があって、炒めて食べてもおいしいんですよ」

作業を続けながら真由美さんが教えてくれた。

「吉賀町に来てもうすぐ丸2年」という二人がつくるレタスは実にりっぱで、出荷基準が２００g以上でよいところ、中には一玉５００gを超えるものも。レタスを出荷するのはこれが初めてなのに、みごとにつくりこなしていることに驚いた。

二人は生まれも育ちも横浜市。和洋さんはサラリーマン、真由美さんは介護の仕事に就いていた。

農業の経験はなかったが、以前から「将来は田舎で暮らしたい」と話し合っていたそうだ。

転機となったのは、真由美さんが病気になったとき、その思いが一層強くなり、津和野町在住の知人を訪ねて島根へ行くことに。そこで隣の吉賀町では、有機栽培が盛んで、都会から移住して栽培している人も多いことを知り、二人でこの町へ移住しようと決意した。横浜から車で13時間かけて移動して、吉賀町へたどり着いた。

暮らし始めたのは２０１９年6月。当時和洋さんは菌床シイタケをつくりたいと考えていたが、「菌床は設備投資も必要だし、それだけではやっていけない。野菜のつくり方も覚えるといい」とアドバイスを受け、「産業体験」として野菜農家での研修を始めた。

翌年から「半農半X」事業を活用して、農地を借りて栽培をスタート。２０２０年の7月最初に売り出したのは、果皮が薄く生でも味わえる「サラダピーマン」。量は少なかったものの、出来栄えは上々。これまで紹介した移住者同様、「食と農・かきのきむら企業組合」を通して、グリーンコープへ出荷するほか、地元のスーパー「キヌヤ」でも販売している。

「キヌヤさんの店頭でお客さんがうちのピーマンを手に取っているのを見ると、もうドキドキ。購入されたときは、すごくうれしかった」（真由美さん）

「借りた農地が、前の人も有機で栽培していたのがありがたい。そして、野菜の出荷先が決まっていることが一番すごい」（和洋さん）

できれば「Xなし」でやっていきたい

５００個近くのレタスの初出荷

2年目は「半農半X」事業を活用。真由美さんは野菜の栽培と並行して、「X」としてグリーンコープの配送の仕事をしている。出荷先である「食と

コンテナ入りのレタス

地域に根づいた井上夫妻

農・かきのきむら企業組合」には、町内在住のグリーンコープの組合員が注文した商品が届く。真由美さんたちはそれを仕分けて各家庭への配送を担当しているのだ。

「たまに、自分がつくった野菜を届けることもあります」

一方、和洋さんは畑が忙しい春から秋は「X」の仕事はしていないが、冬になると雪が降って高速道路の走行に規制がかかったとき、パーキングで冬用タイヤを履いているかどうかチェック。そんな雪国ならではのアルバイトをしている。

そして3年目を迎えた2021年6月、レタスの初出荷を迎えた。1日400〜500個。早朝に収穫して、自宅に持ち帰り、カットした断面を拭く。気温が高いと中の葉がとろけていることもあるので、チェックを欠かさない。

軽トラと草刈機は購入したが、トラクターはまだないので借りている。専用の冷蔵庫もないので、袋詰めしたらすぐ企業組合へ運ぶ。

夏の間、朝4時半に起きて畑へ向かう。レタスが終わるとピーマンのシーズンを迎えるので、しばらくは休む間もない。そんな井上夫妻は、移住して3年目を迎えたばかりだというのに、すでに1haの農地を借りていて、タマネギ、サトイモも作付けしている。

マルチを張り巡らせたピーマン圃場

「よう働く」と地元で評判

移集支援員の木村さんによると「あの夫婦はすごい！　よう働くと、近所の人が褒めていました」とのこと。移住者の働きぶりを、周りの人たちはそれとなく見ている。2シーズン目でこれだけ農地を借

収穫したサラダピーマン

りられるのは、地元の人が二人のがんばりを認めて、応援しているあかしだ。

まだ3年目に突入したばかり。それでも「ゆくゆくはXなしでやっていきたい」と、抱負を語る和洋さん。

「都会で食べていたどの野菜よりも、今私たちがつくっている野菜のほうがずっとおいしい」

と、笑顔で話す真由美さん。短期間で栽培技術を身につけて、これからも有機栽培の盛んな吉賀町で野菜をつくり続けていきたい——そんな覚悟と希望が伝わってきた。

半農半Xの傾向は「自立した有機農家」

有機農家としての自立をめざして

島根県で「半農半X」事業がスタートして11年。今回取材した吉賀町の4組の新住民は、思いのほか農業志向が強く、半農半Xを活用して収入を補完したり、家や農機具購入に必要な資金を蓄えるなど、あくまでも有機農家として自立する道をめざしていた。彼らにとって、半農半Xで過ごす2年間は、有機農家として自信をつけ、さらに本格的な国や自治体の事業も活用して、自立した専業農家になるための通過点になっているようだ。

吉賀町役場産業課の坂下恭一さんによれば、かつては半農半カメラマン、半農半ミュージシャンのように、あきらかに別の仕事と兼業する人も移住してきたが、

「最近は、半農半Xはあくまでも通過点。最終的に国の農業次世代人材投資事業などを活用して、専業の有機農家をめざす人が増えています」

という。

吉賀町のような中山間地域は、平坦な農地が少なく、大規模稲作や施設栽培には適していない。それでも「自給の道を開こう」と40年以上前から有機栽培に取り組んできた旧柿木村の歴史は何ものにも代

え難く、消費者とのつながりを生み、それが移住者の農家の農産物を買い支えてきた。

売り先が決まっているのも強み

取材に応じてくれた4組の移住者は、いずれも「売り先が決まっているから助かる」と。また、一人で多品目を栽培するのではなく、組合全体で担当を決め、各自が売れる品目に絞って出荷する体制も、特定の作物を集中して栽培できるので、スキルアップにつながっている。

かつて、自分で作物を育てたことのない、非農家出身の若者ほど「有機栽培がやりたい」「無農薬で育てたい」という人が多く、移住担当者を困らせていた。しかし、吉賀町へ都会から移住した人たちは、経験がなくても産業体験と半農半Xの時期を経て、有機農家として自立している。

それには、県の産業体験や半農半X事業に加え、移住者向けの「お試し住宅」「吉賀町農業研修経費等補助金」「吉賀町有機農業塾」など町独自のメニューや、普段から移住者に声をかけ、暮らしの面から支える移集支援員の存在も大きい。

吉賀町の半農半Xは、あくまでも「農」がベース。「島根県の西端の山のなかに、素人でも有機農家になれるすごい町」があることを教えられた。

（まとめ・三好かやの）

第5章

ローカルに生き
循環型社会を創り直す

持続可能な地域社会総合研究所
藤山　浩

収穫間近の水田とわだちの残る農道（山形県高畠町）

コロナ危機からの創造的脱出

２０２１年夏になっても、コロナ危機が一層深刻化し、長期化している。この危機は一過性のものではない。「大規模・集中・グローバル」という今の文明の設計原理自体が問われているのではなかろうか。実は、今、世界は一番脆弱な構造となっていたのだ。

オリンピックという「大規模・集中・グローバル」を象徴するイベントが、国民世論の根強い反対にもかかわらず、この夏、東京で開催された。前回の東京オリンピックは、１９６４年。高度経済成長が始まり、中国山地では、前年の「三八豪雪」も契機となり、すさまじい勢いで過疎が進行していた頃だ。後世、この新旧2回の東京オリンピックは、「大規模・集中・グローバル」文明の夜明けと黄昏を示したものとして記憶されるのではなかろうか。

２０２０年10月、先進国の中では遅ればせながら、日本政府は「２０５０年までに、温室効果ガスの排出を全体としてゼロにする、すなわち２０５０年カーボンニュートラル、脱炭素社会の実現をめざすこと」を表明した。これは、これからの30年間で、循環型社会へと進化していくことを意味する。

このような文明の転換局面にあるとの時代認識に立てば、コロナ危機対応は対症療法に終始してはならない。循環型社会に向けて、この２０２０年代において革命的な進化を始動できるかどうかに、私たちの未来はかかっている。

そして、進化の方向が「循環」に向かっている以上、身近な暮らしや地域社会からのボトムアップ的再構築が不可避となる。

本稿では、「大規模・集中・グローバル」文明の限界が露呈した時代において、循環型社会への地元からの組み直しを展望するなかで、「半農半X」という「合わせ技」の社会哲学の重要性とその進化を論じていく。

急がれる地域社会と農業の担い手確保

過疎地域の人口減少が加速

２０１０年代に入り、２０１１年の東日本大震災が一つの契機となり、社会増を記録する過疎指定市町村が目立つようになっている。特に、離島や山間部といった縁辺性の高い小規模町村の健闘が注目される。

そうした「縁辺革命」を起こしている地域は、中心地からの富の還流をあてにする「借り物の豊かさ」ではなく、地域に根ざした資源やライフスタイルから持続可能性を創出しようとする取り組みが展開されている[1]。

しかしながら、まだ多くの過疎地域の市町村やその中の地域では、人口減少が加速している実情がある。私が所長を務める「持続可能な地域社会総合研究所」（以下、持続地域総研）には、毎年多くの全国の自治体から、定住増加をはかりたいがどうすれば良いのかという依頼が集まる。研究所では、通常、県や市町村全体だけでなく、その中の小地域ごとの地域診断を土台とした現場支援を展開している。

ここでは、小地域ごとの診断と計画づくりを県内中山間地域全体において継続的にすすめている新潟県との共同事業[2]を取り上げ、地域社会と農業の担い手確保の現況と展望を論じてみたい。これからの半農半Xに期待されるものを論じるうえで、そうした地域農業の状況把握は欠かせない。

図5-1は、２０２１年6月現在で新潟県中山間地域において重点モデル地区に設定されている29エリアの基幹的農業従事者について、その年齢構成を示したものである。高齢化率は80・7％に達し、75歳以上は37・2％を占めている。ちなみに、29エリアの従事者合計は、２００７人となっている。また、29エリアの地域人口全体については、合計人

図５－１　重点モデル地区 29 エリア　基幹的農業従事者年齢構成

（新潟県中山間地域）

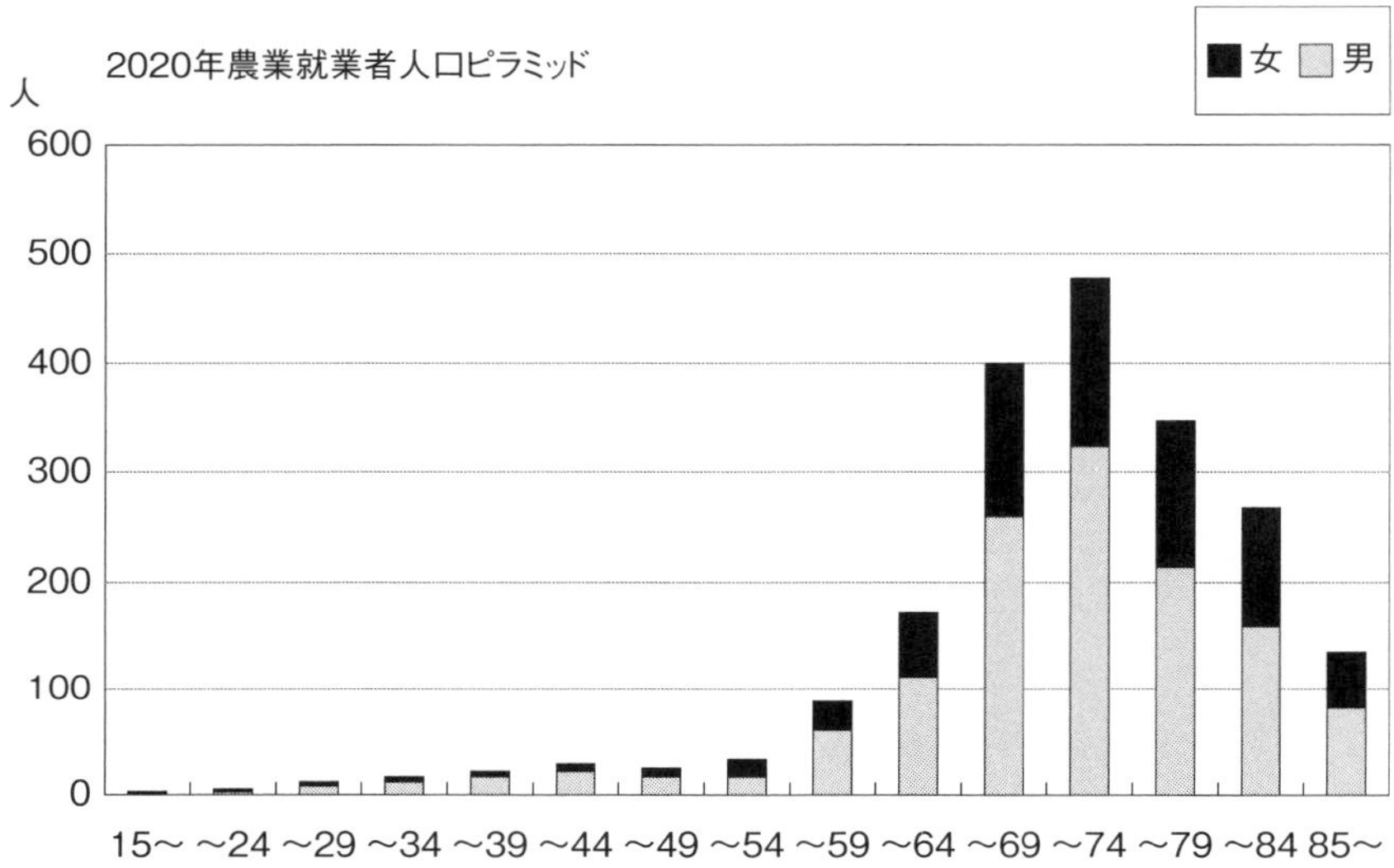

注：2020 年農業センサスデータからの集計による

口２９３３８人、高齢化率44・０％（75歳以上24・8％）となっており、農業従事者の高齢化が先行する結果となっている。

基幹的農業従事者数の減少幅

次に、**図５-２**は、２０１５年から２０２０年にかけての男女年齢階層別の増減数（コーホート増減数）を示したものである。70代以上において大量引退が始まっており、60代男性を中心に一定の新規就農はあるものの、十分に補完できるものとはなっていない。

このような傾向が今後とも続くと、今後の基幹的農業従事者数は、大きく減少していくことが予測[3]され、その減少幅は10年で５割を超える。

では、どの世代でどのくらいの新規就農の増加を実現すれば、農業の担い手の長期的安定を達成できるのであろうか。研究所が独自開発した人口分析プログラムでは、就農目標数値を割り出すシミュレーション機能が備わっている。

図5－2　重点モデル地区 29 エリア　男女年齢階層別増減数

（新潟県中山間地域）

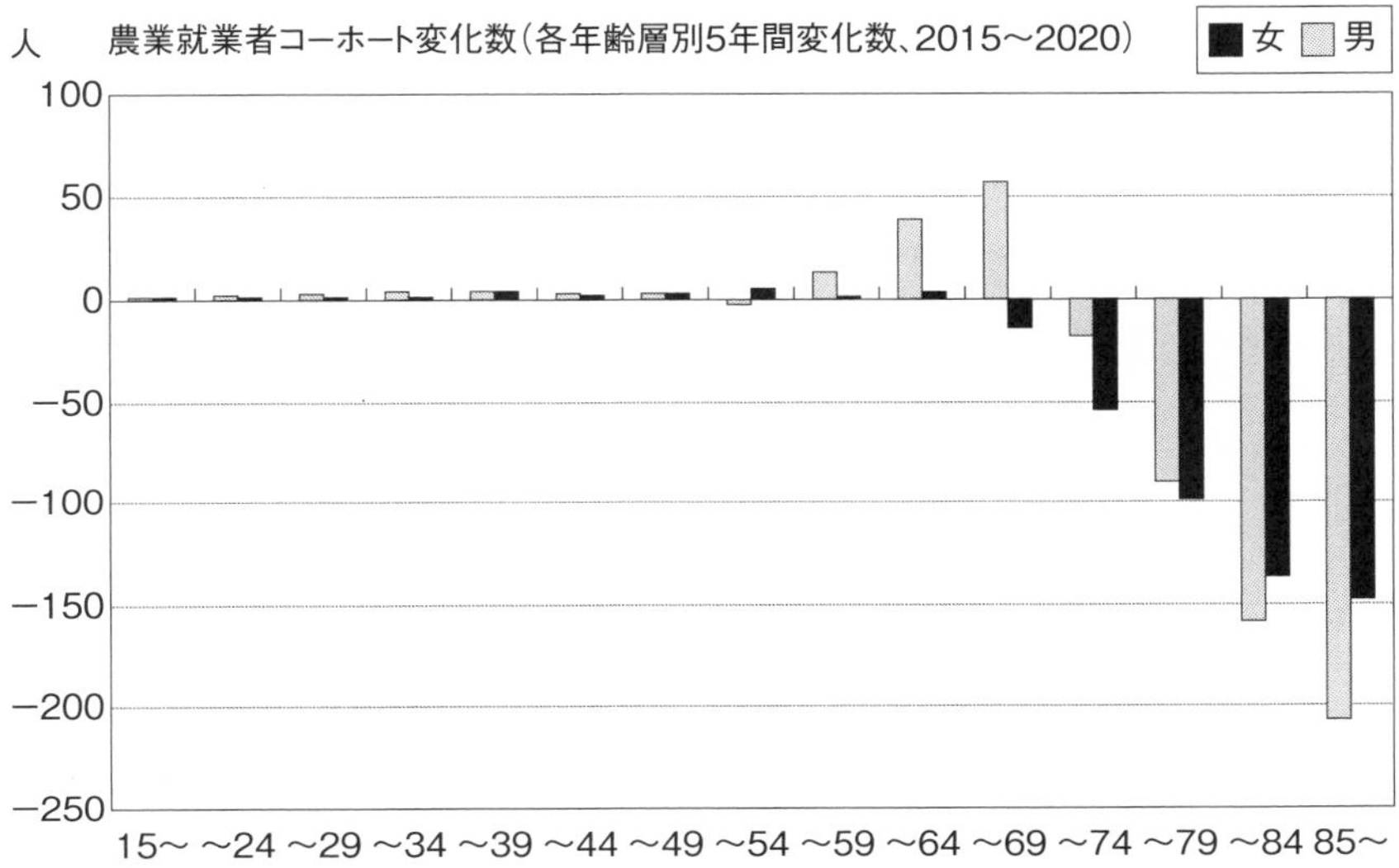

注：2020 年農業センサスデータからの集計による

具体的には、29地区合計で、1年当たり、20代前半男女・30代前半男女・60代前半男女各4組の就農（合計24人）が増加すると、長期的な従事者が安定する（図5-3下図）。

この年間24人の就農増加は、1地区当たり年間一人弱の就農増加を意味し、基幹的農業従事者全体比は、1・2％となっている。

なお、同様の手法を用いて、29重点モデル地区の地域人口全体（総数2万9338人、高齢化率44・0％）について、人口の長期安定に必要な定住増加を析出すると、1年当たり20代前半男女・30代前半男女・60代前半男女各50組に加えて20代後半女性20人となり、人口比は1・3％となる。

このように、おおむね1％強の就農や定住の増加が、地域の営農体制や人口を支えるために必要な状況となっていることが、この新潟県の事例調査からはわかる。そして、このような具体的な就農や定住の増加目標があって初めて、具体的な対策が始動するのである。実際に、今回の新潟県事業では、地区

図5－3　重点モデル地区29エリアの基幹的農業従事者の現状推移予測と安定シナリオ

（新潟県中山間地域）

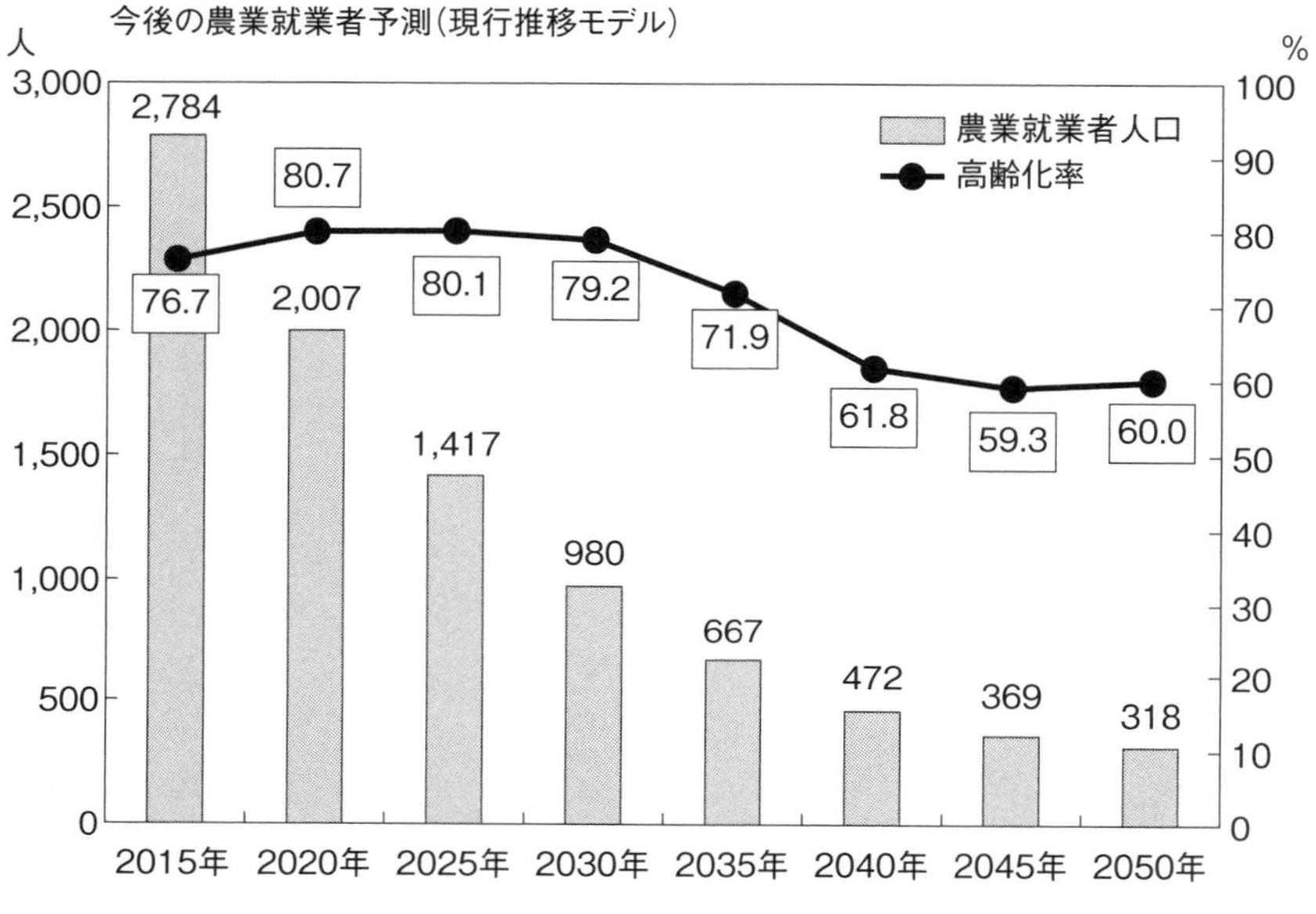

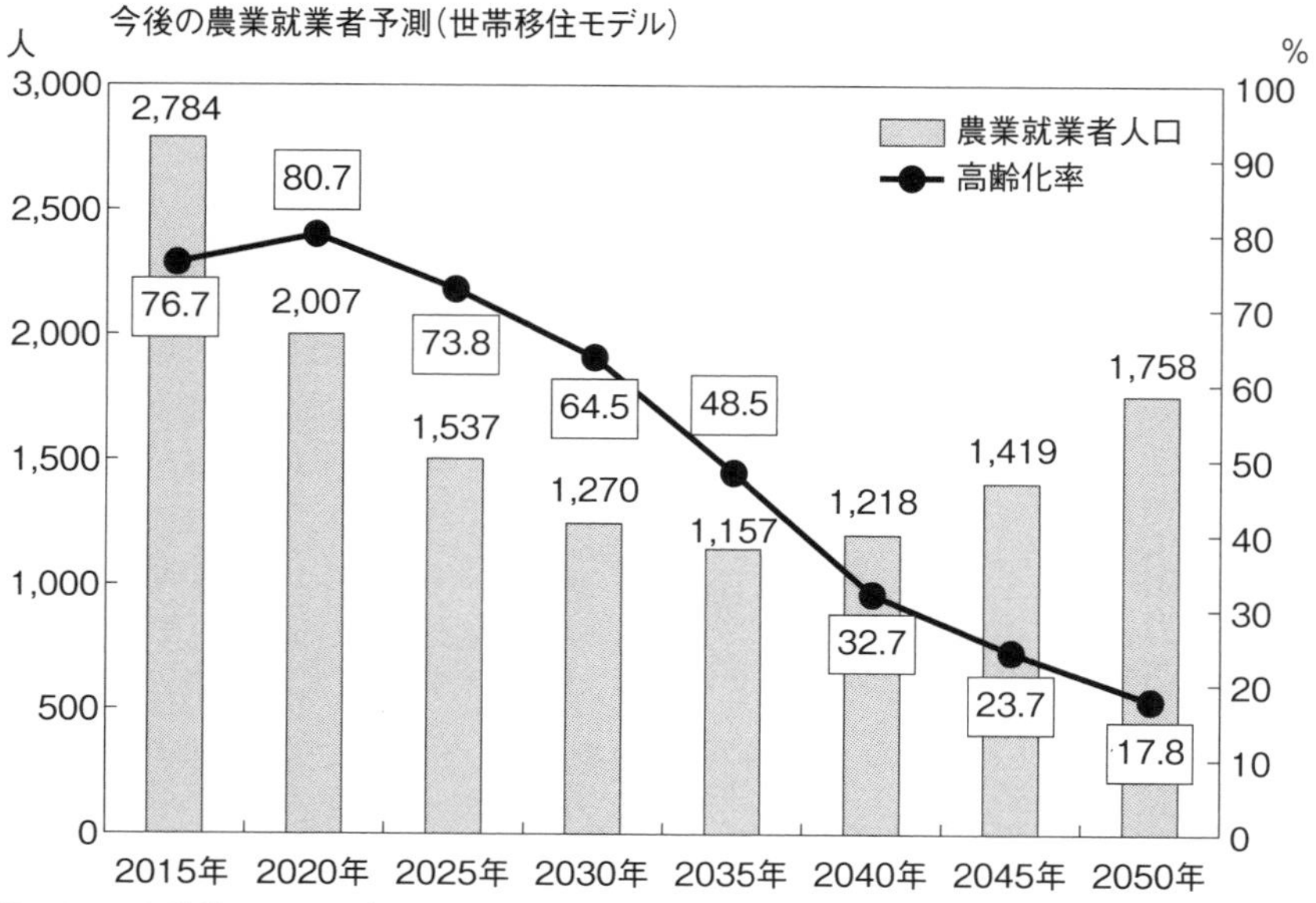

注：2020年農業センサスデータからの集計による

ごとに同様の現状推移と安定シナリオを作成し、具体的な就農や定住の増加目標を設定して、取り組みをすすめている。

「地元関係図」で地域の生態系を描く

裾野の広い「生態系」が必要

毎年1％程度の就農や定住の増加に求められる地域状況がわかったところで、その中で「半農半X」の考え方が持つ意味を改めて考えてみたい。

仮に、個々の「半農半X」実践者が質の高い暮らしを実現させていたとしても、地域全体の農業やコミュニティが担い手不足で崩壊してしまえば、元も子もない。やはり、「半農半X」の考え方が、地域全体の農業やコミュニティの持続性と連動して、地域現場に広がっていくことが望まれる。

まず、地域農業の担い手対策について議論すると、近年は、大規模な専業農家の育成に焦点を当てた政策が主流であった。私は、大規模な専業農家育成路線を全否定するわけではないが、地域農業が本当に安定し強靭な体制を整えるためには、多種多様な農家や農業形態が混在する裾野の広い「生態系」が必要だと考えている。

もともと日本農業は、兼業農家が幅広く存在し、農地を保全してきた。高齢者を中心とした自給的農業も、地元の食卓が必要とする多彩な少量多品種生産や老後の生きがいづくりにおいて大切な役割を果たしている。また、最近では、農家レストランや観光農園、農福連携など、他部門もうまく連携した農業形態も注目されている。

仮に、少数精鋭の農家がモノカルチャー栽培で輸出なども含めて高所得を挙げたとしても、それだけでは上記のような多面的役割は失われ、地元の食卓は特色ないものになってしまう。多彩で幅広い裾野があればこそ、プロ農家の高い頂《いただき》も生まれてくるのではなかろうか。

バランスある地域社会の実現へ

農業と他部門も含めた地域全体との関係も、同様である。農業だけが栄えて生産を伸ばしたとしても、他部門が不振で地域全体の定住が増加しなければ、小学校や商店はなくなり、コミュニティは持続していかない。

田植え後の水田（山梨県北杜市）

農家の長男が後継ぎとしてがんばっていたとしても、配偶者の働き口や子育て支援そして老後の福祉体制などに問題があれば、結局、世帯としての再生産は難しくなり、就農自体も成就しなくなる。

つまり、農業が栄えるためにも、他部門も含めたバランスある地域社会を実現していく必要があるのだ。狭い農業対策だけでは、就業促進をはかるうえでも不十分だという認識が広まりつつあり、前述の新潟県の「将来プラン策定事業」も、そうした農業振興を地域社会全体での取り組み（たとえば定住対策）とリンクさせていこうというチャレンジである。

地元関係図の開発と活用

持続地域総研では、このような地域社会全体を包括的に診断し、その取り組みを支援する手法として、「地元関係図」を開発し、全国各地で活用している。

「地元関係図」とは、日常的な暮らしや定住を受け止める舞台となっている小学校区や公民館区といった一次生活圏レベルの小地域ごとに、コミュニティや農業、福祉、産業、防災、行政などの各分野の組織について、人材配置やお金のつながりもわかるようにまとめていく構造分析手法のことだ。対象エリアの人口規模としては、おおむね３００人から３０００人くらいとなる。そして、より小規模な集落単位の活動やもっと大きな地域運営単位あるいは自治体全体の仕組みなど、地域の重層的な連携にも配慮して作成する。

作成実例（２３７頁の**図５-４**）を見ればわかるように、ちょうど様々な生物が織りなす生態系のような地元関係図ができていく。一緒に作成した地域住民自身、こんなにも多種多様な組織が活動していることに驚くこともしばしばだ。人間自身も、当然生き物であり、こうした種々のつながりの中でこそ、安心して暮らしていけるものなのだと私自身感じている。

事例として紹介した宮崎県東臼杵郡美郷町《みさとちょう》の渡《ど》川《がわ》地区は、人口２８４人とかなり小規模な部類に入る地域だが、本当に多彩な組織、活動が展開されている。公民館組織が中核となり、各分野の組織、活動をうまく束ねていることがわかる。農業分野は、三つの上・中・下の公民館単位の中山間地域直接支払い協定が営農体制を支えており、近年では養鶏場が若者雇用を伸ばしている。

相互乗り入れの「半農半Ｘ」的世界

このように、地域全体を分野横断して鳥瞰視すると、改めて一分野だけ栄えても、地域全体の暮らしや持続性は向上せず、定住を実現できないことがわかる。たとえば、渡川地区では、「渡川まんま」という加工グループが女性高齢者を中心に数年前に立ち上がり、高齢者を対象とした配食サービスで活躍している。あるいは、商店がなくなってしまったピ

（宮崎県美郷町渡川地区）

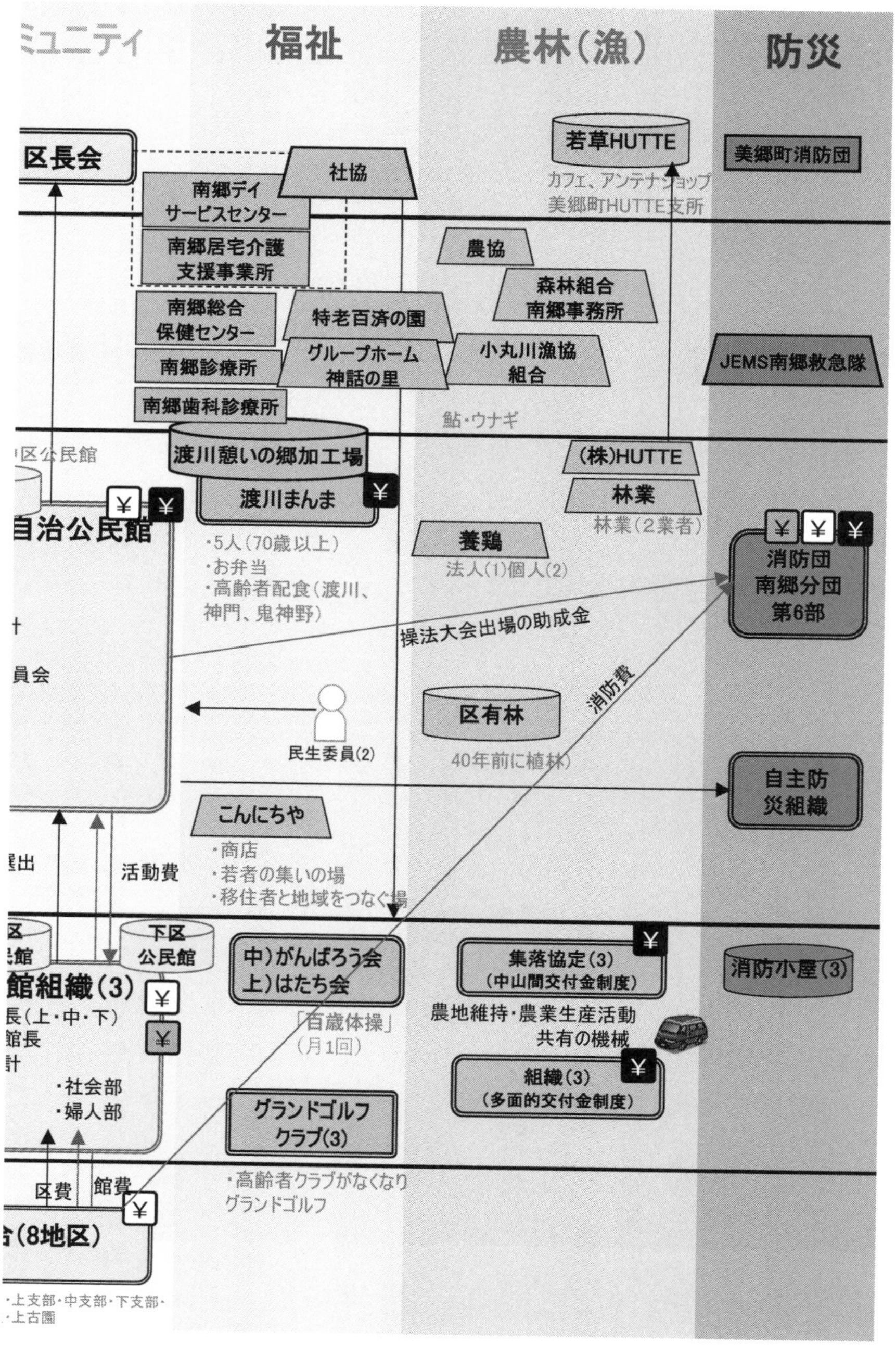
ミュニティ
福祉
農林（漁）
防災
区長会
社協
南郷デイサービスセンター
南郷居宅介護支援事業所
若草HUTTE
カフェ、アンテナショップ
美郷町HUTTE支所
美郷町消防団
農協
森林組合
南郷事務所
南郷総合保健センター
特老百済の園
グループホーム
神話の里
小丸川漁協組合
JEMS南郷救急隊
南郷診療所
南郷歯科診療所
鮎・ウナギ
区公民館
渡川憩いの郷加工場
渡川まんま
(株)HUTTE
林業
林業（2業者）
自治公民館
・5人（70歳以上）
・お弁当
・高齢者配食（渡川、神門、鬼神野）
養鶏
法人(1)個人(2)
消防団
南郷分団
第6部
操法大会出場の助成金
員会
消防費
民生委員(2)
区有林
40年前に植林）
自主防災組織
こんにちや
・商店
・若者の集いの場
・移住者と地域をつなぐ場
活動費
下区
公民館
館組織（3）
長（上・中・下）
館長
中）がんばろう会
上）はたち会
「百歳体操」
（月1回）
集落協定（3）
（中山間交付金制度）
農地維持・農業生産活動
共有の機械
消防小屋（3）
組織（3）
（多面的交付金制度）
・社会部
・婦人部
グランドゴルフクラブ(3)
・高齢者クラブがなくなりグランドゴルフ
区費
館費
（8地区）
・上支部・中支部・下支部・
・上古園

図5－4　地元関係図の作成実例

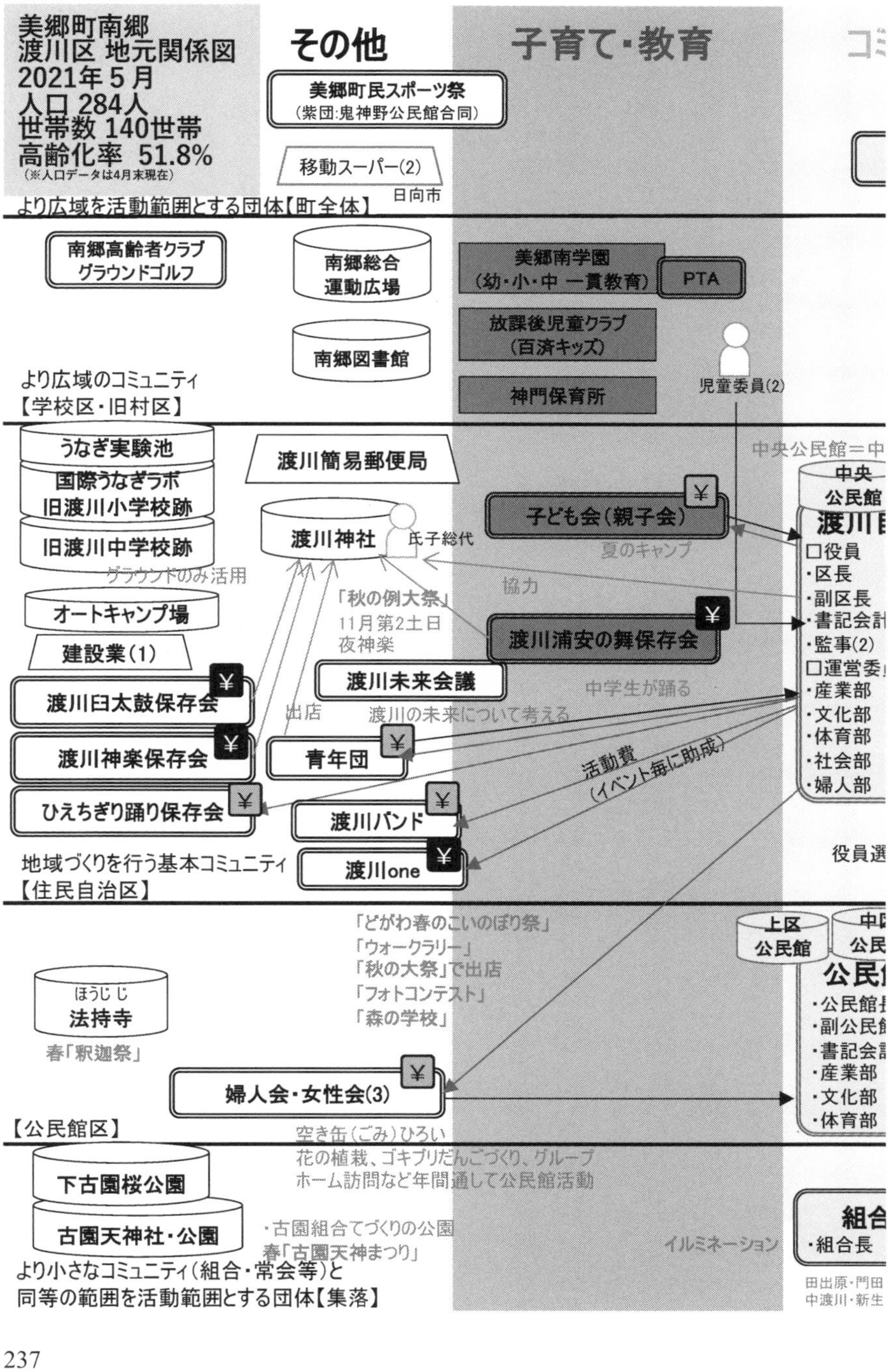

ンチを受け、郵便局の隣に、「こんにちや」というミニ商店がオープンし、若者の集いの場や移住者と地域をつなぐ場となっている。

つまり、地域社会は、本質的に、様々な分野が相互乗り入れした「半農半X」的世界なのだ。生態系と同じく、その多様性と巧みな共生が生命線なのである。当然ながら、就農や定住を進める際においても、この地域社会の生態系の中にうまくつながっていくようなすすめ方が求められる。

循環型社会の基本設計と「半農半X」的アプローチ

循環の基本ユニットをつくる

続いては、これからの循環型社会において展望される地域社会像を明らかにしたうえで、「半農半X」的アプローチへの期待を論じる。

これからの持続可能な社会システムを考えるとき、私たちは、最も長続きしてきた循環系である生き物の身体や生態系にその範を求める必要がある。それは、共通する循環の基本ユニットをつくり、そこを土台にボトムアップ的に重層的かつ開放的な循環圏を構築する方式だ。

人間も動植物もその基本単位は「細胞」だ。この「細胞」をすべての土台として、循環系を重層的に創造していくやり方がとられている。このような設計理念に立つと、私たちの未来の循環型社会を支える循環圏は、三つの階層で構成されることになろう[4]（図5-5）。

最も基本的なユニットとして生き物の「細胞」に相当するものが「循環自治区」だ。そこでは、地元の自然資源が生み出す食料や再生可能エネルギーを最大限活用し、施設や交通機関も可能なかぎりシェアリングで効率化していく。「循環自治区」の中は、「蹴落とし合い」の競争原理ではなく、「助け合い」の共生原理が優越する「共生圏」ゾーンとなる。地形や地域特性によって大きく異なるが、集落を束ねたおおむね３００人から３０００人程度の一次生活圏が、この「循環自治区」を創設する土俵となろう。

図５－５　循環型社会における三層の循環圏の構築

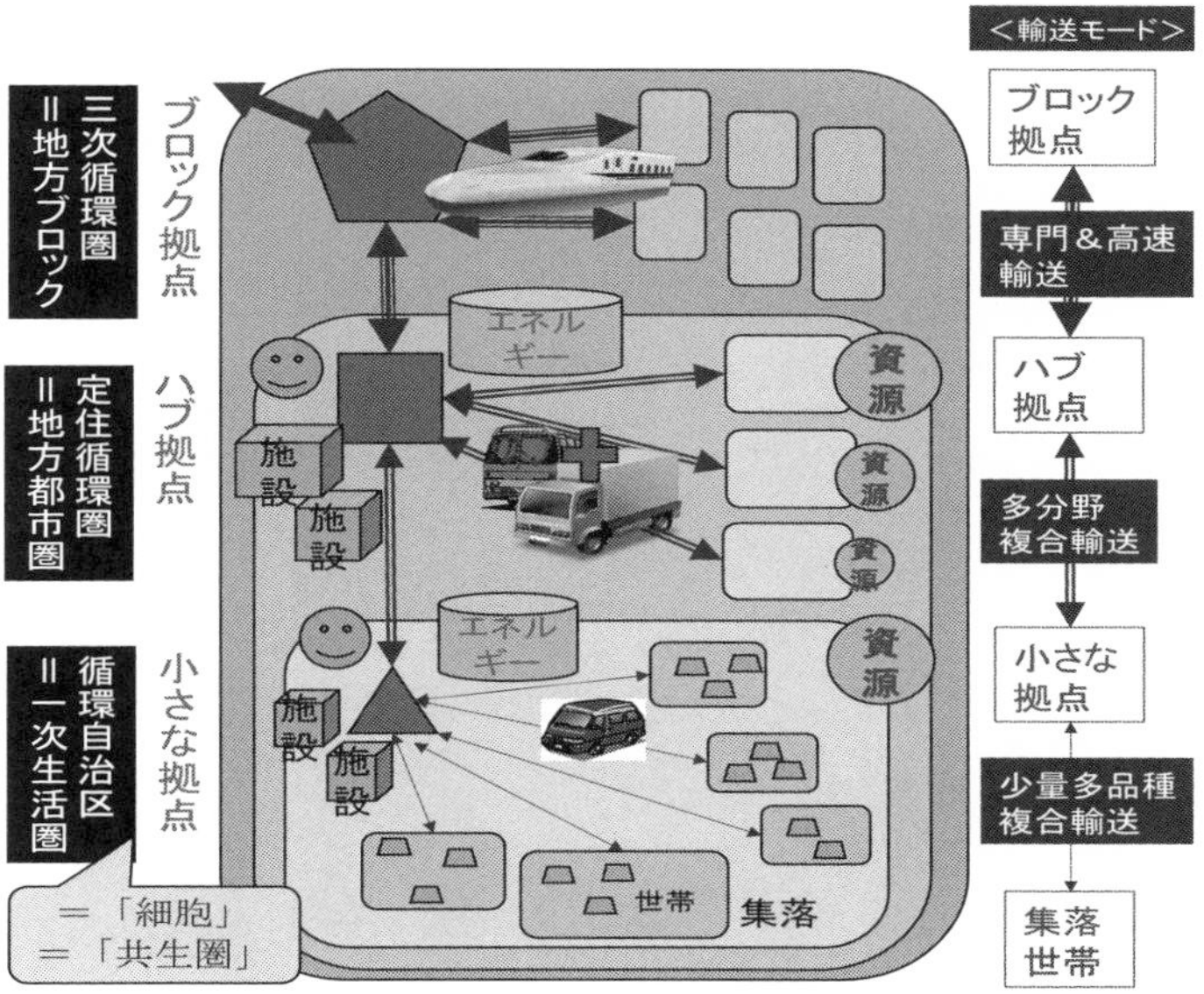

小さな拠点とハブ拠点、ブロック拠点

次に、「循環自治区」は現在の地方都市圏レベル（3万人～30万人程度）でまとまり、二次循環圏としての「定住循環圏」を形成する。「定住循環圏」では、「循環自治区」では揃わない資源や機能を補完的に提供し合う。さらに、たとえば大学病院や百貨店のように高次な拠点は、地方ブロックや都道府県単位の「三次循環圏」で相互利用するとともに、そこから全国や海外ともつながっていくことになる。

これらの三層の循環圏ごとに、異なった原理・機能・方式で働く拠点とネットワークの設計が必要となる。たとえば、「循環自治区」には、日々の暮らしを支える複合的な「小さな拠点」[5]がミニマムな生活ニーズに応え、「定住循環圏」と「三次循環圏」では、下位と上位の循環圏をつなぐ「ハブ拠点」、「ブロック拠点」が整備される。輸送のモードも、上位から下位に行くに従って、専門性から複合性へと切り替えていく必要がある。

　このような循環型社会の進化プロセスにおいて一番重要なものは、基礎となる「循環自治区」の設計と運営である。ここでいかに精巧に循環と共生を実現していくかが問われている。農業のあり方も、海外からのエネルギーや飼料に支えられた大規模な農畜産業等は継続が難しくなり、域内の食循環やリサイクル、教育や福祉との連携そしてソーラーシェアリングのような食料生産とエネルギー生産の「一石二鳥」など、システム連携的な「半農半X」が期待される。

水田でのソーラーシェアリング実施（山口市阿東地区）

賢く細やかにつなぐ「コンマXの社会技術」

モノカルチャー経済は持続性に乏しい

　ここでは、今後の地域社会において「半農半X」の発展形として求められる「コンマXの社会技術」を論じていく。

　生物種別の生存数、商品の売り上げなど、この世のなかには、種類別に資源量、生産量、供給量などを並べていくと、少数の大規模プレイヤーの後に無

図5－6　地域社会における「ロングテール」的分布

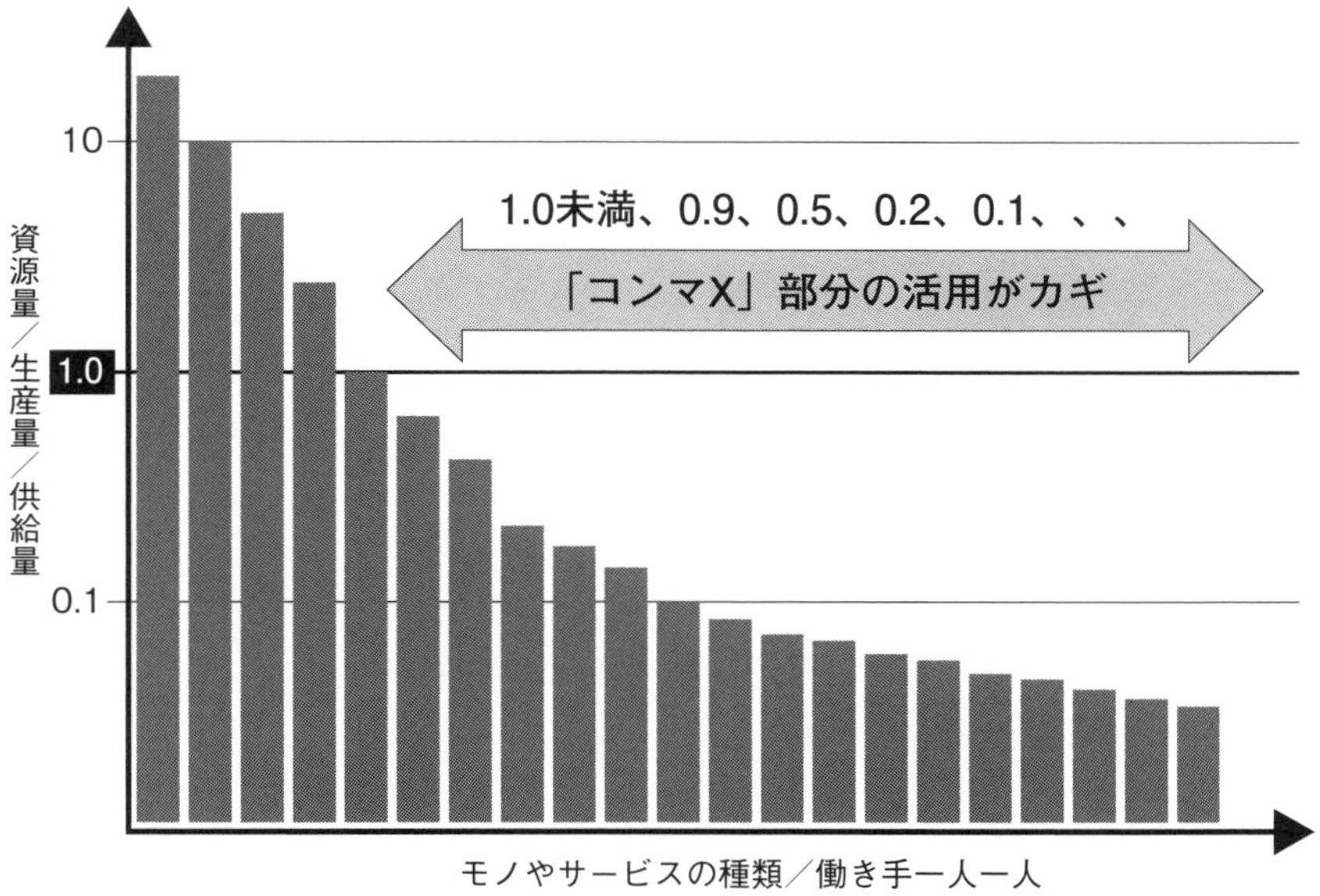

数の小規模プレイヤーが並んでいく「ロングテール」と呼ばれるかたちがよく現れる[6]。地域社会に存在する様々な資源や生産、供給の量を、生物種、モノ・サービスの種類や一人一人の働き手により多い順に並べていくと、やはり「ロングテール」となるだろう（**図5－6**）。

たとえば、生物種の生息数や自然資源の資源量は、当然ながら、種類別に並べていくとこのような「ロングテール」を構成しているだろう。モノカルチャー経済は、そうした各地域の生物や資源の「ロングテール」の中で、グローバル経済の中で採算性に乗るものだけを集中的に収奪する手法であり、「ロングテール」の大半を切り捨ててしまう（だから、長い目で見ると持続性に乏しい）。

コンマ以下の仕事量を組み合わせる

農業や商業もサービス業も、一人分の所得を賄うだけの事業規模が確保されないと、ビジネスとしては成り立たず消えていく。しかし、発想を転換して、「半農半X」のような分野を横断して、コンマ以下となった仕事量を組み合わせると、地域内に生産やサービス提供が存続することになる。たとえば、農業をしながら会計事務所もするといった感じだ。

家庭菜園での野菜づくりや草刈り共同作業も、年間を通して考えると、0・1人役にも達していないかもしれない。しかし、それらをうまく地域内で結びつければ、新鮮で多彩な野菜や美しい風景を手にすることができるのだ。

私たちの働く力自体も、年齢とともに「ロングテール」状に低下していく。人生100年時代、その尾は、ますます長くなるだろう。

誰しも、ある年齢からは、若い人ほどは働けなくなる。つまり、1・0人役を下回っていくわけだ。しかし、その人の力が0になったわけではない。週に1日しか働けない高齢者の力は0・2人役かもしれない。しかし、5人が集まり交代で働けば1・0人役を発揮し、そのままでは消失してしまう地域内の便益や所得が確保できる。これは実は大きな効果だ。

そして、小さな力の可能性を切り捨てず、出番、役割、活躍の場を用意する優しい地域に、みんな住みたいのではないだろうか。そうした個々人の一人役に満たない「コンマX」の力を組み合わせて、地域社会において日常生活を支える仕組みを構築する技術を「コンマXの社会技術」と名づけたい[7]。

買い手と農家をつなぐネットワーク

島根県益田市の山間部に、真砂《まさご》という人口354人（2020年）の小学校区（および公民館区）がある。ここでは、高齢者を中心とした少量多品目農家をうまく市内の飲食店や小売店へとつなぐ仕組みを進化させている。今まで切り捨てられがちだった高齢者の力や小ロット生産をうまく暮らしに結びつけた「コンマXの社会技術」の好例だ。

真砂地区では、以前から60歳から90歳の高齢者を中心に自宅近くの畑で少量多品目の小規模農業がお

図５－７　真砂地区における少量多品目農家と飲食店等のネットワーク

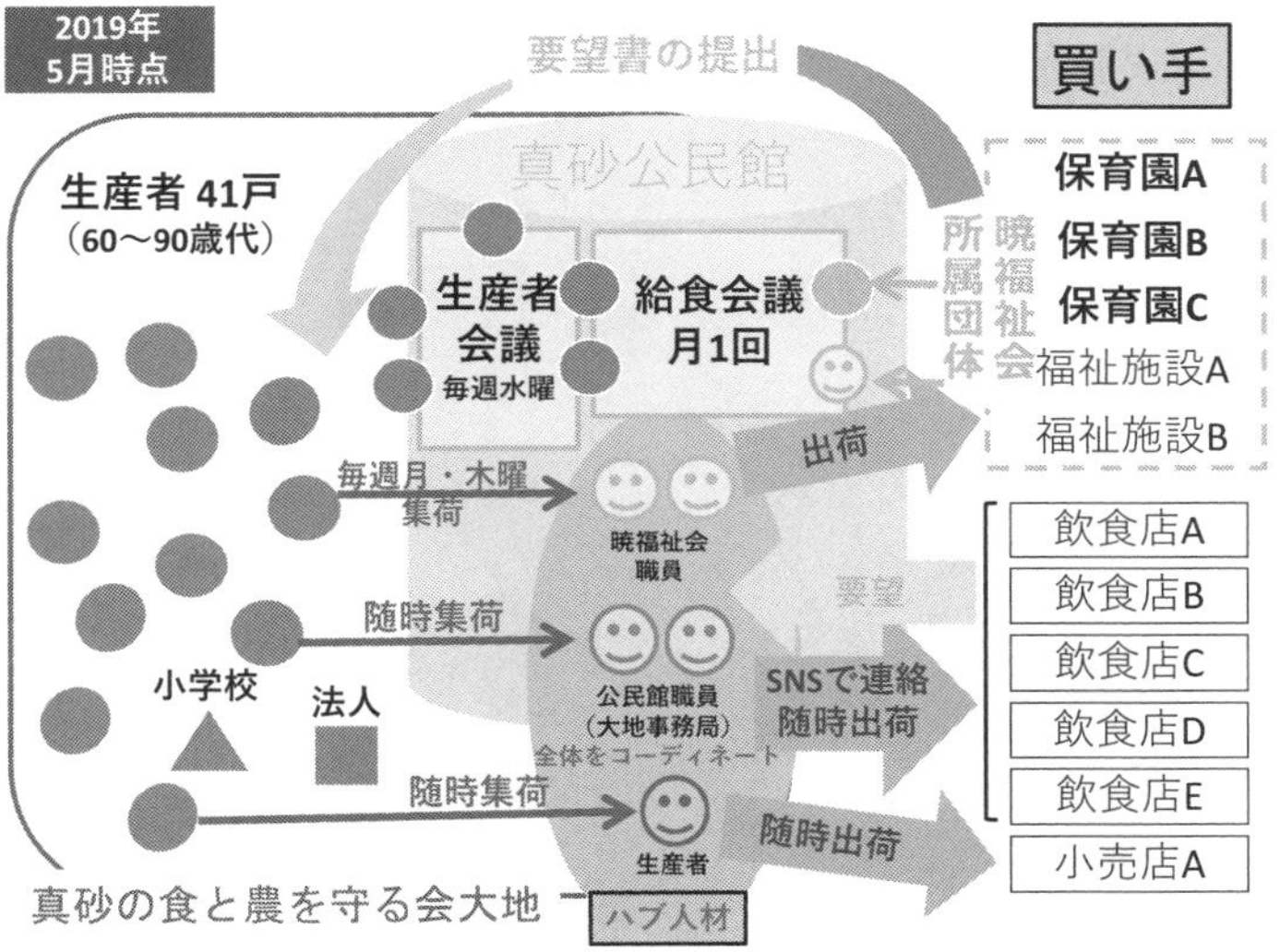

注：地続地域総研・田中宏美・研究マネージャーによる調査・集約

こなわれていたが、飲食店や小売店への系統的出荷はされていなかった。

２０１１年頃からは、地域づくりや食育への関心が高まるなかで、公民館が集荷場所となり、地元や市中心部の保育園や福祉施設への出荷が始まった。そして現在では、複数の双方をつなぐ「ハブ人材」が中心となり、これまで出荷されていなかった飲食

自宅脇の畑で少量多品目を栽培

店なども含めて買い手と農家をつなぐネットワークを進化させている。

その結果、一つ一つの農家では少量少品目の出荷しか対応できないとしても、数多くの農家とリンクすることで、200品目以上に及ぶ適量多品目の出荷が可能となっている。また、品質や納入時期に細かい配慮が必要なレストランなどについては、SNSを活用した情報共有をすすめ、双方のリスクを低減している（図5-7）。

次週の出荷野菜の調整（公民館での生産者会議）

地域づくりの一環として

この真砂モデルの成功のポイントは、生産者と買い手をつなぐコーディネート機能を担うハブ人材と拠点（公民館）をセットで準備したところにある。ハブ人材のコーディネーターとしての仕事量も一人役とはならず、他の福祉施設や公民館との「コンマX」の兼業であり、公民館の数ある地域づくり支援の一環として位置づけられている。

真砂モデルで流通している野菜等の出荷総額は、概算で250万円程度であり、出荷額は年間数万円にとどまる農家が多数である。

しかし、効果は、出荷額の多寡だけにとどまらない。現在、中山間地域で一番多額の費用がかかっていることは、介護と医療である。持続地域総研では地区ごとの介護費用分析を全国各地でおこなっているが、(8)いったん介護対象となれば平均して一人年間数百万円に及ぶ介護費用や医療費が発生する。小さな農業によりお達者度が維持・向上することにより、これらの費用が低減できる。

著者が参画した農林水産省の委員会においても、後期高齢者（75歳以上）について農業者・非農業者別に医療費を集計・比較した結果、農業者は非農業者に比べて一人当たり年間医療費が約8万6000円低いといった調査結果も出ているところだ。(9)「コンマXの社会技術」は、このような分野を横断した地域全体の連結決算的評価をおこなうとき、初めてその真価が見えてくる。

分野横断による仕組みづくりへ

今まで見過ごされてきた「コンマX」の小さな力が地域社会において紡がれていくためには、様々な条件整備が必要となる。

たとえば、将来の「循環自治区」の中で複合的な中心広場として形成が期待される「小さな拠点」も、空間的近接性を実現することで、分野を横断した「合わせ技」を容易にする。同時に、分野横断で地域マネジメントを展開する地域経営会社の設立、運営も、真砂地区のハブ人材のような雇用やサービス提供の「つなぎ役」機能を発揮するうえで欠かせない。また、「生態系」のように地域ごとに異なる状況に対応して、人々のニーズと力を組み合わせる自己決定力、つまり自治の権限が認められなければならない。

今までの「半農半X」は、個人のライフスタイルの一つとして取り上げられることが多かった。今後は、地域社会全体に関わる仕組みづくりの理論として、「コンマXの社会技術」へと拡張していくことが期待される。

これからの地元の暮らしにおいては、自然の生態系がそうであるように、無数の小さな力を賢く細やかにつないでいく「コンマXの社会技術」を大切にしてほしい。それは、資源や人材を多角形でつなぐことで実現する循環型社会の設計原理でもあるはずだ。地元から世界を創り直す時代である。

〈注釈〉

（1）「『地域人口ビジョン』をつくる」藤山浩編著、2018年、農文協

（2）新潟県「ビレッジプラン2030」中の「農村集落の将来プラン策定推進事業」

（3）2015年と2020年の基幹的農業従事者のコーホート変化率を基にした予測。

（4）この三層の循環圏の考え方について、より詳しい解説は、『日本はどこで間違えたのか』藤山浩（河出書房新社）、2020年を参照されたい。

（5）詳しくは、『「小さな拠点」をつくる』藤山浩（農文協）、2019年を参照されたい。

（6）『ロングテール・「売れない商品」を宝の山に変える新戦略』クリス・アンダーソン（ハヤカワ・ノンフィクション文庫）、2014年

（7）関連した事例やデータ等の紹介は、『循環型社会をつくる』藤山浩（農文協）、2018年を参照されたい。

（8）詳しくは、「循環型経済をつくる」藤山浩、2018年、農文協を参照されたい（P104〜105）。

（9）「令和2年度農業の後期高齢者医療費抑制効果分析業務」農林水産省

第6章

農本思想から読み解く半農半Xと心根のありか

農と自然の研究所
宇根　豊

長黄金グモが見上げる空

農の本質とは何か

百姓の手入れと天地自然の働き

代掻きが終わった夜、昨日まで静かだった村が、今年も蛙の鳴き声に包まれる。

「ああ、夏になったな」と思う。田植えして40日も経った夕方になると、田んぼの上では赤とんぼが群れ飛んでいる。「今年もいっぱい生まれたね」と声をかける。9月になると、ツルボの薄紫の花が畦で咲き乱れている。「ヒガンバナよりも早いね。しかも負けていないね」と声には出さないが、話しかけてしまう。

毎年繰り返される当たり前の現象で、農業生産とはたいして関係はないことだから、わざわざこうしてここに記述する価値があるとは思われない。

これらの現象だけに注目するなら、「いわゆる多面的機能のささやかな事例ですね」と片づけられるに決まっている。その程度のとらえ方だから、農は誤解され、不当におとしめられ、時代の中で色あせてきたのだ。そこで、蛙や赤とんぼやツルボに向けられる百姓のまなざしに着目してみよう。そして、この現象が毎年繰り返されることによって、田んぼはどういう世界をもたらしているのかを考えてみよう。

「そんなこと考えて何になる」という人が多いことは知っている。したり顔に、「米の再生産のシステムさえ維持できればいいのであって、そうした付随現象は、生産の本体ではない」と言われるかもしれない。

私には二つの反論がある。

田んぼでは稲は稲だけで育っているのだろうか。もちろん百姓の手入れが必要だろう。それだけではない。天地自然の働きがあるだろう。それは百姓と関係なくもたらされるのではない。水がそうだ。お日様の光は？　わが家の田んぼに生えていた大きな木々を伐採したのは、550年前だった。水もそのときに、200mほど水路で川から引いてきた。そのときから現在まで、百姓は田んぼの世界にまなざしを注いできた。そこを天地自然のもろもろの恵みを受け止める舞台として、その舞台にのぼる生き物にまなざしを注ぎ、声をかけるようになり、情愛を育んできた。稲以外の生き物もわが子だと思うようになった。その証拠に、田んぼの生き物を「害虫」「益虫」「ただの虫」と分類してみると、百姓が一番知っている生き物は「ただの虫」なのだ。

ツルボとヒガンバナ

農とは「いのち」の引き継ぎ

農の本質を、「稲だけの再生産」だと言い立てている人は、そう言わないと「生産性を上げる」「低コストにする」という論理が成り立たないからだが、そのことを自覚していない。つまり農業生産の本質を知らないことを露呈している。

はっきり言っておこう、「稲は、蛙や赤とんぼや野の花への、百姓のまなざしがなければ育たない」。「いやスマート農業の器機でも育つ」と強弁するなら、「ああ、まなざしをデータ化して、わかった気になっているのですね」とつぶやけばいい。戦後の農政を牛耳った「他産業並みになる」というスローガンの根拠となった古くさい考えである。

つまり一つめの反論は、農とは、他産業とは異なって、天地自然の一部だということである。

二つ目の反論に移ろう。天地自然は生き物の「いのち」で満ち満ちている。同時に「死」も満ち満ちている。百姓ほど生き物を殺してしまう職業もないだろう。話は先回りするが、私たち人間は食べ物を食べないと生きていけない。その食べ物は生き物だったものばかりである。と言うことは、私たちの食事は生き物を殺すことである。しかし、このことを自覚することはほとんどない。だからこそ、食卓は幸せの空気で満たされる。そして、その食べ物となる生き物のほとんどは、農業や漁業によって、もたらされる。

　その農業は、食べ物となる作物だけを殺しているのではない。田畑を耕せば草は死に、ミミズは死ぬ。稲刈りで稲も雲霞も稲子も死ぬ。数え上げたらきりがない。だからと言って、百姓はこのことを悩まないし、罰も当たらない。

　実は、この二つの殺生、食事の殺生と農耕の殺生は、同じ構造で救われている。そこに農の本質が厳然としてある。ありがたい光に包まれてある。

　なぜなら殺した生き物と「また会える」からだ。そういうふうに、天地自然は農耕に義務づけた、と言いたくなる。「わかった。再生と持続ですね」とは、言ってほしくない。そういう外からの見方では、実感できない感覚世界なのだ。もちろん殺した生き物の子孫とまた会えるのだ。

　農耕とは、天地自然の生き物と、また会えるようにせねばならない宿命を負っている。その見返り（この言葉は誤解を招きそうだが）として、天地自然の恵みは「いのち」を伴って、私たちの世界にもたらされる。そうなのだ。農とは、「いのち」の引き継ぎなのだ。

　だが、ここでも大きな悩み（宿命）が待ち受けている。極論を言えば、百姓は天地自然の恵みと引き換えに、天地自然のすべてのいのちと「また会える」ように仕事をして、生きなければならないのだ。

　以上の二つの反論以外にも実は他にも反論はあるのだが、この本ではここでとどめる、現代の主潮に向けての、ラディカルな反論なのである。私は静かにつぶやき続けて来た。「農が資本主義に合わない理由がここにあるんだ」と。「他産業並みになる」

という夢は、資本主義の価値観に染まって、農と天地有情を、無理矢理人間の思いのままにしたいという欲望を正当化する幻覚でしかない。

さて、半農半Ｘを深く論じる準備はこれで整った。

百姓の生き方のスタイルが軽蔑されるようになった理由

農政の移り変わり

明治以降の農政は「農業の産業化」、戦後は「農業を他産業並みにする」こと以外のことには、ちらちらと視線はくれたが、冷たかった。産業化とは、資本主義の価値観を農業に持ち込むことであった。そのために「農業の専業化を推し進める」ことになった。

戦後１９７０年代までは、農業は産業よりも生業《なりわい》の雰囲気が強く、それゆえに「遅れていた」。最初に振り返っておかなければならないことは、当初「生産性向上」とは労働時間の短縮やコストの削減を目標とするのではなく、むしろ多労働、多収をめざしていたことだ。だから、農本主義とも相性がよかった。

「米作日本一」キャンペーンを見るがいい。限りなく、田んぼに愛情を注ぎ込んでやまなかった。この時期を「前期」と呼ぶ。ところが１９７０年代後半から（減反政策以降）労働時間の短縮と低コストが「産業化」の中心に据えられた（「後期」と呼ぶ）。

しかし、一貫していたのは「自然の制約の克服」つまり自然との対立そして脱出であった。なぜなら、他産業と農業を峻別するのは、この点にあると、認識されていたからだ。

さて「前期」の生業を「兼業」と言い換える戦略は、成功したように見える。為政者は、専業と兼業を分け、兼業農家の労働力を日本国の他産業につぎ込むことに成功した。めざましい経済成長が達成されたが、むしろ百姓は「兼業」を盾に抵抗した。農を捨てようとしなかった。なぜか。生業の伝統を堅持する気概は失われていなかったからだ。

ところが、現代につながる「後期」になると、この戦略の欠陥が明らかになる。なんと、村の中の（地域の）担い手不足と農地の荒廃に歯止めがかからなくなったのだ。いまだにスマート農業を推進している為政者や研究者は、担い手不足を補うためだと言いつくろっているが、この戦略の根本的な欠陥を認識していない。古い言葉だが、「マッチポンプ」とはこのことだ。

以上が、足早な農政の移ろいの俯瞰図であるが、最も深刻な弊害は、人間との自然とのつながりが切り離され、農の本質（原理）が崩壊しようとしていることだ。しかし、このことに気づかない人間が多すぎる。

半農の照り返しで半Xも色づく

さて、これからが本題になる。この農政に静かに、風穴を開けたのが、百姓への「新規参入」が始まったことだ。そしてこの新規参入に思想的な表現を与えたのが、半農半Xだった。新規参入の多くは、農政が言うような「国民への食料供給のための産業」に参入したのではなく、「生業」としての農業にあこがれて就農した人が多かった。実は私も、1989年に農業改良普及員のままで、今の在所で新規就農した。39歳だった。つまり半農半Xの当事者である。

それまでの「兼業農家」は「専業農家」に対する下等の序列をつけられていただけではない。もう一つ「兼業」の内実として、兼業部分を農業部分の下位に位置づけていた。

ところが「第二種兼業農家」の増加によって、兼業部門が農業部門を少なくとも所得では上回る事態に直面し、農学や農政はこの事態を支援する思想を構築できなかった。「どんなに所得が少なくても、農業分野のほうが大切なんですよ」、あるいは「そうでしょう。農業は見返りが少ない産業なのだから、他産業からの所得に頼れという農政は正しかっ

田打ち車を押す（筆者）

たでしょう」とは、いくらなんでも言えなかった。

半農半Xの思想的なすごさはここにある。人間の生き方として、農に土台を置いて、やりたいこと、やらねばならないことを、ただ営むことの魅力がある。このことに、この国の歴史の中で初めて自覚的に、意識的に思想的な表現を与えたのだった。半農の照り返しで、半Xも色づく。私はこの言葉で、自分の生き方を「兼業」などという矮小化された行政用語ではなく、改めて「百姓」と名乗ることの意味を再確認した。

半農半Xの思想の核心は、半Xが農の上に花開いていることだ。常時、身体の奥で天地自然と田畑そして生き物がささやき続ける。そうなのだ。半農のときと同じようにだ。半Xは半農と響きあう。

一方の「兼業農家」の兼業とは、専業になれない、農の稼ぎの足りないところを他産業で稼いで埋めるというような失礼な位置づけをされていた。したがって、兼業分野を主として、農を縮小して、最後は見限ることは、決して悪いことではなかった。

半農半Xは、こうした旧来の政策ときっぱり切れている。だからこそ、近年の政策は半農半Xを利用したがるのである。「多様な担い手」などと言いながらね。

農の母体があって仕事の花が咲く

私は、大工仕事が好きだ。石垣積みや水路の補修も好きだ。「いい趣味ですね」と言われるが、趣味ではない。生業なのだ。自分でできることはなんでもやる。毎日夜には4時間、本を読み原稿を書くが、いま私が書いておかねばならないことがあると突き動かされているだけの話だ。本にならなかった原稿はたぶん8割を越すだろう。ところが半農半Xに触れて、肩書きを「百姓・思想家」と表示することにした。「そうか、思想することが私の半Xなんだ」と気づいたからだ。

今日も多くの生き物に話しかけた。これらの生き物は、毎日田んぼに行かなければ、目に映らない。当たり前の話である。しかし、この毎日田んぼに行くという行為の意味が、これらの生き物と目を合わせることにあるという議論は聞いたことがない。会って、目を合わせて、言葉をかける、会話することは、農政や農学の関心事ではないし、そもそも対象ではない。

そういう現代に私たちがしてしまったのだ。私はこのことに責任を感じる。なぜなら、田畑の生き物、天地自然へのまなざしこそが、農の母体であって、この上にこそ、仕事がそっと花咲くことがわかっていたからだ。まあ、この程度の思想だから、若い頃から今まで、異端の少数派の人間であり続けたわけだ。

先日もコロナ禍で劇場出演が激減した半農半Xの俳優と話していたら、「収入が減って大変でしょう」と同情する人は多かったが、「表現の仕事がなくなって、辛いでしょう」と言う人は私だけだった。仕事よりも収入を前面に出すのが、政府もそして国民も流儀となってしまった。資本主義とはこういうところにも浸透している。

もう誰も忘れてしまったが「農が資本主義に合わない本当の理由は何か」と深く考え抜いたのが、農本主義者たちだった。残念ながらその哲学を、戦後の百姓は受け継いでいない。百姓の相手の天地自然の生き物たちは、経済で生きているわけではないし、人間も本来そうである、農本主義者の気づきは、いまだに新鮮である。

手入れされた市民農園で実践していることの意味

草の名前を呼ぶという感性

友人が市民農園を開設している。栽培方法は友人が教えるのだが、１００区画もある農園ごとに作物のできは異なり、その人の手入れをみごとに反映している。

しかし、友人が感心するのは、みんな仕事を楽しんでいることだ。それは「草の名前を覚えたがる」ことに現れている。「草は作物の生育を邪魔する」という指摘は、歪んでいる。草の70％ほどは「ただの草」で、作物と競合しない。いわゆる「害草・雑草」だって、栽培の仕方では問題ない。それよりも、草の名前を呼ぶという感性こそが、百姓の伝統だと言いたいのだ。

名前を知らない草を引き抜くことは、何か間違いを犯しているような気になる。草とりの相手の名を知っていることは、相手のいのちを奪うことへの責任であろう。名前がないと「また会えない」からだ。

生産性だけを異常に重視する人たちが「趣味だ」「道楽だ」と揶揄《やゆ》する百姓仕事の世界にこそ、彼らが見失い、捨て去った意味すらわからない農の本質が厳然として、居住まいを正して座っている。「自分も、あんなに楽しく農業をしているだろうか」と友人は、苦笑していた。

１５０ha規模の水田と野菜栽培を担う法人の経営者の話を聞いたことがある。彼は私の質問に率直に答えてくれた。「そうだな。10ha、いや3haの規模だった頃が、百姓としては一番楽しかった。今は経営で大変なんだ」と。

経営業務よりも、手ずからやる百姓仕事のほうが、楽しいのはどうしてだろうか。答えはいくつもあろうが、最大のものは、生き物と直接、顔を合わせて、話ができるからだろう。まさに、市民農園の「百姓」たちが日々、嬉々として実践していることである。

宿命の克服と得られる喜び

農の最大の宿命・使命とは、先に述べたように、田畑の天地自然の生き物のすべてと、毎年「また会える」ようにすることである。

「農業は生き物を殺して食べるために、育てるという矛盾をどのように克服しているのですか」と問い詰められたことがあった。私は、戸惑いながらも、うれしかった。「この人は、農の本質がわかっているんだな」と思った。しかし、この問いはその人にも返さなくてはならない問いなのだ。「食べ物は生き物なのに、それを殺して食べることをどのように乗り越えていますか」と。

もちろん、先に百姓が答えなくてはならないだろう。無農薬、無化学肥料での栽培法であることはもちろんのこと、仮に少しばかり使ったとしても、それゆえにその生き物への影響を突き止めなければならない。

まして、それ以外の農法の影響がどのように生き物に影響しているかを、可能なかぎりつかまなければならない。たぶん「本当に可能ですか」と突っ込まれるだろう。「だから、できるだけ生き物と話すようにしているのです」と答えるのが精いっぱいだということも認めよう。

そして、もう一つ大切なことをつけ加えることも忘れてはいけない。「丹精込めて育てた作物を食べるのは、消費者が食べるよりもつらいものです」と。もちろん、また会えるからこそ、この苦しみはまるで約束していたかのように、楽しみに変わる。

ヨメナの花が咲く

このことのありがたさ、すごさには、感謝しても感謝し足りない。

それにしても、こうした宿命と、その克服と、その結果得られる喜びが、「趣味・道楽」「余裕があるから感じられること」だと放言する無神経・傲慢さはやりきれない。

新しい農本主義と半農半X

農は資本主義に合わない

旧・農本主義は、「農業は国家や社会の土台（基盤）である」と説明してきた。こうした手垢にまみれた定義になじんでしまうと、農本主義を利用してきた人たちと同じ見方になってしまう。その程度の主義ではなかったことに気づいた私は、新・農本主義を提唱することになった（『農本主義のすすめ』『愛国心と愛郷心』を読んでほしい）。

それは国家や社会からの見方ではなく、百姓自身の生き方からの、天地自然から生かされ方を中心に据えた思想として、再提案してきた。かつての農本主義者の百姓は、「農は、資本主義に合わない。その理由は、生き物は経済で生きているのではないからだ」と主張した。彼らのオリジナルな思想を受け継ぐ百姓がいてほしい。

旧・農本主義の論客である橘孝三郎は五・一五事件の首謀者として、無期懲役の刑を受けたが、意外にも「農本主義者」だと名乗りたがらなかった。彼は農本主義の定義を、「農を本として、天地の恵みを受け取ることだ」とした。人間はこれ以外の生き方はできない、と喝破した。これは「農の原理」でもある。

「生かされてある」ということ

農とは「生き方」であることを忘れている。百姓は主人公ではなく、天地自然のもろもろの生き物を主とするようになり（「相手本位」と呼ぶ）、その意向に沿って生きる、つまり主体は相手にあるので、自分は「生かされてある」ことであるのに、このことを忘れている。それを百姓にすら忘れさせたのは、生きるということは人間が主体的に実現するものだという近代資本主義社会の考えが社会の主潮になったからだろう。

百姓の思考法とは、一つは徹底的に天地自然の側に立つことである。これは人間をも離れ、自分をも離れ、「相手本位」になる。それを自分に戻ったときに、思い出して表現することである。かつては、家族や子どもたちに「語った」。それが百姓の「思想」である。

もちろん、語らなくても困ることはないが、それでは思想で負ける。国家や専門家に対抗できない。できれば、農本主義者のように、それを記述できれば、敵に一矢報いることもできる。

農本主義者はこの百姓の思考法を、さらに意識的に方法化して、自分を内と外の両方から見ることにした。わかりやすい事例を挙げておこう。ふつうの専門家は、もっぱら事態を外からしか見ることができない。

ある専門家が「農作業は単純作業の連続ですね」と私に言ったことがある。私は「そうでもないですよ」と言いながらも、そうか私が草取りに没頭しているる姿は、そう見えるのか、そうか単純作業だから仕事に没頭しやすいのか、と気づいたのだ。私は、二つの見方ができて、その両方を突き合わせることができる。

天地と一体になる忘我の境地

農本主義者がこの二つの見方を身につけたのは、農の危機を分析し、その解決のための理論武装をしなければならないという強い自覚があったからである。そして、その二つの見方を駆使した成果が最もよく現れたのは、天地と一体になる忘我の境地を表現したことである。

百姓仕事の最中にこの境地は容易に訪れる。経済などすぐに忘れ、自身の悩みも、家族の存在も、時も場所も忘れ、そして我すら忘れてしまう。

もちろん多くの手仕事も、忘我の境地に入ることはあるが、百姓仕事の場合には、忘我の境地から覚めるきっかけが天地自然の変化・ささやきによることと、そして覚めたあとに天地自然に包まれていることを実感することである。こういう境地を表現できたのは、世界の歴史で後にも先にも、農本主義者だけであった。

私がもう少しつけ加えるなら、我を忘れたときでも、身体は相手の生き物を忘れない、ということだ。こういう境地は、一体どうしてもたらされるのだろうか。それは「人間が主体ではなく、相手本位になるからだ」と気づいたところがすごいと思う。

私の言葉にするなら「生き物同士」という感覚は、百姓仕事によって育まれ、相手と気持ちが通じるようになる。そして、ときには自分よりも相手が大切になる。やがて「稲の声が聞こえるようになる」わけだろう。私はまだまだそこまで届いていないが。

私はできるだけ、田畑の作物や草花と話すようにしている。もちろん声に出すことは少ないが、心の中ではいつも私の相手は生き物たちである。言うまでもないことだが、百姓は仕事の最中に孤独を感じることはない。このことが半Xに影響を与えることは当然のことだろう。

資本主義の荒波の中で信心に似たもの

すべては天地自然の恵み

私たち百姓は何を信じたらいいのだろうか。世間に流布している「農業は国民のための食料生産をおこなう重要な産業だ」というのは、一種の方便で、近代的な新しい意義づけに過ぎない。心のよりどころになるはずがない。

もともと農は、生業だったので、在所で生きている生き物は、すべて天地自然の恵みであり、何よりも「相手」であった。

二宮金次郎の『二宮翁夜話』の冒頭に、

「それわが教えは書籍を尊まず、ゆえに天地をもって経文とす。予が歌に

〝音もなく香もなく常に天地《あめつち》は、書かざる経を繰り返しつつ〟

とよめり。かかる尊き天地の経文を外にして、書籍の上に道を求むる学者輩の論説は取らざるなり」

とある。

かつて「百姓に学問はいらない」と言われていた。今はそう言うわけにはいかないが、学問や情報よりも大切なものは、ちゃんとある。学よりも、天地自然の「教え」を読むほうがはるかにすごいことだったのに、もうそれは忘れられている。「ああ、エコロジーのことですね」と受け取られるかもしれない。エコロジーは外からのまなざしで対象や事態を把握する。これはこれで、大切な見方だ。

一方の天地有情の感慨は、普段はまず表現されることはない。ましてそれを「教え」と受け止めるような二宮のような百姓は少ない。私は、生き物との会話を、その習練の一つとしている。なぜなら、生き物と語ることは、天地の経文を聞くことに近い、と思うことがあるからだ。

生き物の誕生と死

夏の朝、田まわりをしていると、羽化した赤とんぼ（薄羽黄トンボ）が稲の葉にぶら下がっている。近づいても飛び立たないので、よく見ると、羽の一枚が伸びていない。手に取って、伸ばそうとしても、奇形なのだ。そっと元に戻す。たぶんこのまま動けずに死んでいくのだろう、と思った。「でも、こうして生まれてきただけでも、よかったと思ってね」と声をかけて立ち去る。翌朝、その赤とんぼは株元の水の上で、死んでいた。身体の一部は何かに食べられていた。

稲穂に止まる薄羽黄トンボ

こうして書かなければ、二度と思い出すこともない生き物の誕生と死である。私たちの身体のなかには、こうしたささやかな、それでいてとても大切な体験が、積み重なっている。そこから私たちは、生とは何か、死とは何かの「教え」を聞き取って、現在がある。

百姓には、いつも一緒に過ごす「相手」が人間以外にいることの幸せを忘れたくない。その生き物（それは神や仏かもしれないが）との対話で、百姓はものを学び、そして考える。それがその百姓なりの哲学や信心を生み出すことにもなる。百姓の哲学や信心は、別に文章にする必要はないが、語ってみる価値はある。

その「相手」との距離を広げる技術や農政には、寄りつかないがいい。百姓ならではの感性や語りが衰えてしまうからだ。農の本質（原理）が感じられなくなるからだ。

生き物の生は「効率」や「生産性」では営まれていない。人間も「効率よく生きなさい」「生産性が高い人生が望ましい」と言われたら、嫌な気になるだろう。「花に見とれている暇はないでしょう」「生き物と会話している時間は、無駄でしょう」と言われたら、「やれやれ、また農の原理をないがしろにしているな」とつぶやき、その場を離れることだ。

こっそり言っておきたいこと

私は若い頃から、草に生まれ変わりたい、と思って生きてきた。別に輪廻転生を信じているわけでもないが、草はいいな、と感じてきた。この頃は、私の前世は草だったのではないかと感じる。もっとも前世の記憶はまったくないが。

百姓していると、人間は動物よりも植物に近いと思うことが多い。

死ぬという言葉は、草木が「萎《しな》ゆ」からできたそうだ。幸いという言葉は、花が「咲く」からできたそうだ。ええっ、と驚いていると、めとめ（芽と目）、はとは（葉と歯）、はなとはな（花と鼻）、ほとほほ（穂と頬）、みとみ（実と身）、みとみみ（実と耳）、からとからだ（殻と体）、ねとね（根と心根）、たねとたね（種と胤）、というように植物の身体と人間の身体の部分の名前は同じであるという言語学者の指摘を読んで、またまた驚いた。

さらに、いずれも植物の命名が先で、人体の命名はそれを受けているという。私たちは漢字を思い浮かべるから別物だと思っているが、音だけだとまったく同じだ。たしかに「葉と茎」と、「歯と歯茎」を見比べると、後者が後から命名されたとわかる。

頬と耳は二つあるから穂穂、実実となるわけだ。人間の大切な顔のパーツの名前は、草にあやかって命名されているのは、たぶん農耕の影響だと思われる。

水苗代に真っ白な芽が出揃うと、いのちがちゃんと生まれたことに安堵して、「これからは、しっかり生きていけよ」と声をかける。百姓の仕事の半分は済んだ気になる。

田植えが終わると、稲は田んぼや天地自然のもろもろの力を受け止めて、自身で生きていくんだという実感が押し寄せてきて、百姓仕事のほとんどは終わった気になる。真夏の午後6時を過ぎると、稲の葉からきらきら輝く露の小さな玉があふれ、この世のものとも思えない星空のような光景が現れる。一つ一つの球が、まるでいのちが顔を見せたようで、「そうやって、生きているんだね」とつぶやいてしまう。

いのちそのものは目に見えないが、いろいろな形になって姿を現す。百姓はそれを見て、眺めて、感じて、「いいなあ、よかったね」と思う。まるで、自分がそのいのちでもあるかのように、乗り移るかのように、一体となることができる。これは、まるで信心ではないだろうか。人間はかつて草であった、と思う。

これが私の最近最も感じている「半農半X」つまり「農とその思想表現」なのである。

〈付記〉

筆者の近年の「半X」の仕事の集大成は、『うねゆたかの田んぼの絵本』（全5巻、農文協）である。できれば、図書館ででも開いてほしい。私も、ここまで来れたんだ、と思う。

第7章

半農半X、兼農・多業への潮流と新たな展開

農業ジャーナリスト
榊田 みどり

体験ツアーで移住者が観光客に自ら手がけるレンコン畑を案内
（奈良県明日香村、写真提供・藤原佳彦さん）

国の農業政策に「半農半X」が初めて登場

担い手像を変える意味!?

２０２１年3月、国の農業政策の中に初めて、「半農半X」という言葉が登場したことに、驚いた農業関係者は少なくない。なにしろ、「兼業農業」を意味する「半農半X」の実践者が、農業政策の中に位置づけられたわけで、従来の農業の担い手像を大きく変える意味を持っているからだ。

それは２０２０年3月に公表された「食料・農業・農村基本計画」の中でのことだ。兼業農家や小規模家族経営などの多様な担い手が、初めて「地域社会の維持の面でも重要な役割を果たしている」と評価され、「産業政策と地域政策の両面から支援をおこなう」と明記され、さらに「『半農半X』やデュアルライフ（二地域居住）を実践する者等を増加させるための方策」や多様な農への支援体制にも言及したのだ。

この基本計画に沿って同年5月に「新しい農村政策の在り方に関する検討会」（座長：小田切徳美明治大学教授）と「長期的な農地利用の在り方に関する検討会」（座長：池邊このみ千葉大学大学院教授）が設置され、２０２１年6月、「中間とりまとめ」が公表された。

ここでも従来の大規模経営の育成路線は維持しつつ、基本計画で触れられた「多様な担い手」も重視し、さらにその「多様な担い手像」を具体化して位置づけた。少し長くなるが、その部分を引用しておこう。

「農業以外の事業にも取り組む者（農村マルチワーカー、半農半X実践者）、地域資源の保全・活用や農業振興と併せて地域コミュニティの維持に資する取り組みをおこなう農村地域づくり事業体等、多様な形で農に関わる者を育成・確保し、地域農業を持続的に発展させていくという発想も新たに取り入れて施策を講じていく必要がある」

第2次安倍政権下、「農業の成長産業化」を旗印に2013年から始まった農業構造改革では、担い手への農地集積や、大規模化・法人化など、産業政策に特化した農政が推進され続けてきただけに、この一文を読むと、なんとも隔世の感がある。

産業政策重視からの転換

そもそも、日本の農政では、1961年の農業基本法の制定以降、約60年間にわたって、基本的には「自立農家（専業農家）の育成」と「大規模効率化」が動かぬ柱だった。現実には高度成長期、全国的に兼業農家が増加したため、府県単位では、兼業農家を積極的に農政に位置づけてきたケースは少なくないが、こと国が、農業政策として兼業農家を担い手と認めるなど、前代未聞の珍事である。

この静かだが大きな農政のベクトル転換の背景には、これまで7年間の「農業の成長産業化」施策が農業地域にもたらした〝負〟の影響があり、その中で、都道府県や市町村など自治体から、国の産業政策重視の農政とは一線を画した農業・農村政策が生まれ、積極的に「半農半X」や「マルチワーク（多業）」を位置づける動きが出てきたことと無関係ではないと思う。その潮流を追ってみたい。

なお、農政の中で「半農半X」という言葉は、営農形態としての「兼業農業」をすべて対象としていることが多く、これから紹介する行政の取り組みも、必ずしも塩見氏の提唱する「半農半X」と同義ではないことに留意していただきたい。

流動化すればするほど
「家が減り地域が壊れる」

農地集積で地域衰退の危惧

前述のように、2013年、TPP交渉参加の公表後に始まった「農業の成長産業化」路線に沿って、国の農政は産業政策に大きく舵を切った。

農水省とは別に官邸内に「農林水産業・地域の活力創造本部」が立ち上げられ、10年間で「農業農村所得倍増」を目標に、同年12月、「農林水産業・地域の活力創造プラン」が公表された。その柱とされたのが、以下の3項目だった。

①担い手への農地集積の加速化（2023年までに全農地の8割を担い手に集積）

②農林水産物の輸出振興（2020年までに1兆円、30年までに5兆円に輸出額を拡大）

③6次産業化の推進（2020年までに市場規模を10兆円に拡大）

このうち、当時の最大の目玉は、担い手への農地集積の加速化による農業構造改革だった。「農地中間管理機構」が創設され、都道府県単位で農地の流動化の強力な推進が始まった。平たくいえば、「専業のプロ農家に農地は任せて、小規模・兼業・高齢農家はリタイアしてもらいましょう」ということだ。

2015年、5年に一度見直しがおこなわれる「食料・農業・農村基本計画」とともに公表される「10年後の農業構造の展望」（以下、「展望」と略）にも、担い手への農地集積を「8割」に引き上げるというビジョンが書き込まれた。

「ぽつんと一軒家になる」などの声

この頃、各地に取材に行くと、「産業政策としてはわかるが、これを本気でやったら地域が壊れる」「そんなことやったら、田んぼの中に〝ぽつんと一軒家〟になってしまう」などの懸念の声を、農業者だけでなく行政関係者からも何度も聞いた。

なにしろ、担い手への農地集積「8割」引き上げという目標は、それまでの農政の歴史を見ても、恐ろしく〝意欲的〟な数値なのだ。

前述のように、これまでも一貫して、担い手となる専業農家への農地集積と大規模経営の育成が推進されてはきた。ただし、2005年度の「展望」で設定された集積率は4割、2010年度は5割と、農家や農村の現状に即して徐々に目標数値を上げていた。

それが、突然「8割」まで一気に引き上げられたのだ。ちなみに、2013年度の農地集積率は、48・7%だった。

「地域が壊れる」という言葉通り、農業・農村現場の方たちが危惧していたのは、この政策によって、産業としての農業は維持できても、それが結果的には地域の衰退を招きかねないことだ。

担い手に農地を集めるということは、逆に言えば、兼業農家や小規模農家を農地から引きはがすことにつながる。

地域に他の基幹産業があって、離農しても地域内に魅力的な雇用の場があれば別だが、そうでなければ、離農したら、その地域にいる必要がなくなり、そのまま離村につながりかねない。特に、ただでさえ過疎化がすすんでいる中山間地域では、そのおそれが高い。

他人排除の原理になる

「(農地)流動化、すればするほど家が減る」――1987年に、全国で初めて集落営農の農事組合法人「おくがの村」を設立した島根県津和野町の糸賀盛人氏の言葉だ。中山間地にとって、農地をプロの農家に極端に集積することが、けして地域にとってプラスにならない現実をシンプルに指摘した名言だと思う。

親愛を込めて、私は〝糸賀のおっちゃん〟と呼んでいるのだが、実は、おっちゃん自身、20代の頃は、アメリカ型の大規模農業を夢見て、中山間地の奥ヶ野地区でも10haまで規模拡大した。ところが、農地を買った相手のうち二人が、その後、離村してしまったことで、心が揺れ始めた。

「規模拡大至上主義」は他人排除の原理ではないか。集落に人がいるからこそ、農業も暮らしも成立するのではないか。その思いが、おっちゃんを集落営農の設立に立ち向かわせたと話してくれたことがある。

この時期、2014年に山形県置賜《おきたま》地域の3市5

町の有志約３００人が集まり、（一社）置賜自給圏推進機構が誕生し、翌15年には九州で「小農学会」が誕生している。

どちらも、ＴＰＰ交渉参加を機に本格化した農業の急激な構造改革と、経済のグローバル化に対して「農村社会の崩壊を押しとどめる」（小農学会設立趣意書）ことが大きなテーマになっており、「産業農業論」に対して「生活農業論」を提唱し、グローバル化に対してローカル経済（地域経済循環）の構築を訴えていた。

小農学会では、小農を「既存の農家のみならず、農に関わる都市生活者も含まれた新しい概念ととら

Ｉターン者も多い「おくがの村」の景観（島根県津和野町）

置賜自給圏推進機構の前身、置賜自給圏構想を考える会の設立総会

「有機栽培ほ場」の案内板（山形県高畑町）

えたい」としている。もちろん、プロの大規模農家は地域農業を支える大きな存在だ。しかし、今でも日本の農家の多くは兼業農家であり、なによりも、当たり前のことだが、人は仕事だけで生きているわけではない。プロ農家にとっても、暮らしの場としての地域は重要なのだ。産業政策に大きくシフトした農業政策には、その視点が大きく欠けていた。それが農業・農村現場に大きな違和感と危機感をもたらしたと思う。

規模拡大の限界を訴える声

実は、農業の産業政策を考えるうえでも、農業現場では、担い手への農地集積による負の側面が、近年は顕在化し始めている。農家の階層分解が今まで以上に進展し、農地の借り手となる大規模農家や農業法人と、農地を貸して「土地持ち非農家」になった地権者との距離が広がったことだ。

農家の階層分化は１９６０年代から徐々に始まっていたことだが、農地の貸借関係を結んだ当時者どうしでは、「借りてくれた人」「貸してくれた人」という直接の人間関係があった。しかし近年は地権者側の世代交代がすすみ、農業をやったことがなくサラリーマンとして暮らす次世代が地権者であることが増えた。すでに地元には住んでいない不在地主も多く、農業は他人事になり、自分の家の農地がどこにあるかもわからないというケースも近年は珍しくない。

農業界の人間にとっては当たり前の話だが、農業には、農作業以前に、農地の畦の草刈りや水路・農道の整備など、直接収入につながらない無償労働が欠かせない。

かつては、「結い」や「道普請」など地域の協働作業でおこなってきた歴史があり、基本的にこの作業は地権者の義務でもあった。

しかし近年は、農地の借り手である大規模経営者が、その作業と責任を一手に背負うケースも多くなった。そのため、規模拡大すればするほど、無償労働の負荷が重くなり、労働力確保の難しさも重なって近年では、これ以上の規模拡大の限界を訴える声が聞こえるようになった。

　後継者のいない大規模農家が、病気や事故で営農できなくなったり急死したことで、数十ha規模の農地管理が突然宙に浮いてしまった話を聞くことも、近年は増えている。個人農家だけでなく、農業法人でさえも後継者難は大きな課題なのだ。もちろん、きちんと後継者がいて持続的な大規模経営を考えている農業法人もあるが、私の知るかぎり、その比率はけして高くはない。

　農業の成長産業化が打ち出されてから3年間、農業産出額は、それまでの右肩下がりから上昇に転じた。当時の農水省は、それが、成長産業化政策の果実とPRしたが、データを詳細に分析すると、野菜も果実も酪農も肉牛も、生産量は減少していた。農業が成長したというより、農業が縮小再編に向かい始めたのではないかと私は感じている。

自治体農政でも「半農半X」位置づけの動き

島根県の半農半X支援事業

　その状況下で、国ではなく自治体の中で、「半農半X」の実践者を農業の担い手として農業政策に位置づける動きが広がり始めた。

　もともと、行政による政策になっていなくても、新規就農希望者を受け入れている地元農業者グループが、まずは兼業での就農をすすめていたケースは少なくないが、都道府県の中で、農業政策として全国で初めて支援に乗り出したのは、島根県だ。第4章でも詳述しているが、2010年に「農業+α支援事業」としてスタートし、その後、半農半X研究所の塩見氏の了解を得て、2012年度には「半農半X支援事業」と名称を変更している。

　県外からU・Iターンしておおむね1年以内、農業開始の年齢が原則65歳未満、年間販売額が50万円以上の営農を予定している人を対象に、就農前の研修経費を月12万円（最長1年間）、研修を終えて定住を開始した後も営農に必要な経費を月12万円（最長1年間）支給し、さらに、施設整備費用も１００万円を上限に必要額の３分の１を補助する（就農後5年以上は県内で定住して営農を継続することが条件）。

もちろん、島根県は国の新規就農支援事業も活用しているが、国の事業は専業での担い手育成を想定しているため、受給対象となるためにはハードルがある。就農予定時に原則45歳未満でなければならな

移住、定住がすすむ島根県吉賀町

コマツナは吉賀町の主力野菜の一つに

包装フィルムのエコロジー農産物のラベル

いし、研修後も、農業専業での独立を前提とした事業計画を提出した「認定新規就農者」にならなければ支援対象にならない。

そこで島根県は、国の新規就農支援事業からこぼれ落ちる、45歳以上で兼業前提のU・Iターン希望者の受け皿をつくったかたちだ。「農業を営みながら他の仕事にも携わり、双方で生活に必要な所得を確保する仕組みである『半農半X』を、島根らしい田舎のライフスタイルとして提案・推進」する事業と位置づけている。島根県をはじめ中国山地を抱える5県は、高度成長期の初期、全国の中でも急激な中山間地域の人口流出がすすんだ地域だ。その中で島根県は、1975年から、集落営農組織を担い手と位置づけ、生産性向上だけでなく集落の自治機能の強化も重視する「新島根方式」と呼ばれる独自の農業振興対策を打ち出した、中山間地域農政の先進地だ。

国が集落営農組織を農業の担い手に位置づけたのは、05年なので、実に30年前には動き始めていたわけで、それだけに、今回も全国にさきがけて、その島根県が移住・定住促進を視野に「半農半X」就農に着目したことに、今後、同様の動きが中山間地域を抱える他の府県にも広がるのではないかと予想していた。

長野県で「一人多役」などを提唱

現実には、島根県に続く動きは、なかなか登場しなかったが、2017年、長野県の複数の自治体が連携し、U・Iターン希望者を対象に「楽園信州移住セミナー」を開催した際、「信州型ワークライフスタイル」の一つとして「一人多役《たやく》」を提唱したのを見て、ようやくその時代が訪れた気がした。「半農半X」は「農業×○○」だが、「一人多役」は2種類にかぎらず多業で暮らすライフスタイルだ。当時はまだ「マルチワーカー」という言葉も一般化しておらず、この言葉には大きなインパクトがあった。

長野県では、16年度に県・市町村・民間団体によって「田舎暮らし『楽園信州』推進協議会」が設立され、移住・交流に関する情報の発信やセミナー開催を始めたのだが、このセミナーもその一環で、翌年には「北信州『一人多役』ライフスタイル推進実行委員会」の主催で、同じタイトルでのセミナーが開催されている。このときのセミナー参加の呼びかけは、こんな文章だった。

皆さんは今のライフスタイル、ワークスタイルに満足していますか?

家と会社を往復してひたすらひとつの仕事だけをして、漫然と日常を過ごしていても、ハッピーにはなれないかもしれない。

より豊かに、より自由に、人生をサスティナブルに楽しむためには何を考え、何をすべきか?

豊かな自然に恵まれた北信州飯山地域で、自然と人とつながりながら「あれやこれも」やる「一人多役」型のライフスタイル。

夏は農業・冬はスキーインストラクター、会社に勤務しながら地域活動など、北信州の「一人多役」な働き方・暮らし方を、地元企業も参加してリアルにご提案するセミナーです。

2019年には、長野県が県全域を対象に「農ある暮らし相談センター」を開設し、「信州農ある暮らし」を提唱。「半農半Xスタイル」「家庭菜園スタイル」「定年帰農スタイル」「農業バイト・アルバイトスタイル」の四つのカテゴリーをあげ、県内在住者だけでなく移住・定住希望者も対象にした「農ある暮らし入門研修」や、定年帰農を検討している人を対象にした「定年帰農講座」も設置している。

北海道でパラレルノーカーの呼びかけ

島根県も長野県も、農業の大規模効率化には条件不利な中山間地域を多く抱える自治体だが、2020年7月には、なんと農業の〝勝ち組〟である北海道でも、JAグループ北海道が「農業をする時代から、農業〝も〟する時代へ」というキャッチフレーズで「パラレルノーカー」(1)のPRを始めた。「パラレルノーカー」とは、「パラレルワーカー

（復業）」と「農家（ノーカー）」を掛け合わせた造語で、農業専業ではなく複数の仕事を同時並行で（パラレルに）こなすライフスタイルを意味している。「半農半X」や「多業」だけでなく、サラリーマンなどの主業があり「副業」として農業に関わる人材も含まれる。

ＪＡグループ北海道中央会によると、パラレルノーカーを提唱する直接の引き金となったのは、コロナ禍だ。北海道農業は、１経営体当たりの平均経営面積が28・５ha（２０１９年）と都府県農業の10倍以上で、文字通りけた違いに大きい。兼業農業が多い府県と違い、農業専業経営が農業者全体の7割を占める。「担い手への農地集積」も、北海道ではすでに約91％（２０２１年3月末）と、国の目標数値の8割を大きく超えており、「農業の成長産業化」政策でいえば、模範的な優等生だ。

大規模農業では、当然ながら雇用が不可欠で、北海道経済部「外国人技能実習制度に係る受入状況調査」によると、２０２０年度には、２４２１人の海外技能実習生が農業に従事していた。ところが、この年、コロナ禍によって突然、３７５人の技能実習生が、入国を断念したり入国が遅延する事態になり、生産現場で人手不足が深刻化した。その対応策の一つとして登場したのが、パラレルノーカーの呼びかけだった。

労働力不足の常態化

誤解のないように書いておきたいが、農業現場での海外技能実習生の受け入れは、北海道に限らず、雇用型大規模農業の多い産地では、どこでもすでに欠かせない存在になっている。これは私が現地を取材して身に染みて感じていることだ。

実際、茨城県・長野県・熊本県のほうが、北海道よりも技能実習生の受け入れ人数は多いし、他県でも技能実習生に出会うことはまったく珍しくなくなった。実は農業以上に、食品製造業などのほうが、技能実習生の受け入れ人数は多い。

都市部には、外国人労働者の受け入れに批判的な声も多いが、すでに労働力不足が常態化している現場では、彼らがいなくなったら都市部の食生活は大きな影響を受けることになるという現実も踏まえて考えるべき時代になっていることは、声を大にして言っておきたいと思う。

もっとも、コロナ禍以前から、北海道ではもともと構造的な人手不足があったとJAグループ北海道中央会は認識している。また、コロナ禍による外国人労働力の激減だけが、パラレルノーカーの生まれた背景ではないと、日本農業新聞北海道支所の尾原浩子記者は指摘する。

「取材をしていると、道内どこにいっても、規模拡大の限界が見え隠れし、バトンをどう継承していくかを模索しているという共通点があると感じます。実際に営農している農業者だけでなく、JAの組合長の方たちの中にも、『規模拡大で大規模法人だけが残っても地域がすたれる』『ゴールなき規模拡大は限界』とおっしゃる方が少なくありません」

実際に、同記者が取材で出会った農業者からも、「地域の担い手は、みなもう限界まで規模を広げている。家族経営の離農が地域で加速化しているが、これ以上担い手に集約するのは難しいという段階に来ている。規模拡大や投資をし続けると、必ず無理が来ることが見えてきた。これからの若い人は、金儲けよりも楽しい農業をめざす傾向もあるのではないか」

などの声が少なからずあったという。

産業の視点だけの限界

私自身も、40代の地域リーダーでもある酪農家から、「離農は離村を生み、離村は地域の衰退につながる」ことが地域の課題と聞いたことがある。彼の住む地域は、酪農が基幹産業で、大規模酪農経営が多く農業所得も高い。後継者のいない高齢農家の離農はあっても、若い担い手が規模拡大することで離農者分の生産減少をカバーし、村全体として見れば、生産量は逆に増えている。

しかし、離農した酪農家の多くは、村を離れて利便性の高い都市へ転居してしまう。もともと過疎地に指定されている人口減少地域で、地域を維持していくためにも、離農した高齢者が村内に残れるような仕事をつくっていくことが必要ではないかと彼は考えていた。

「いくら収入があっても、地域から人がいなくなって、学校がなくなったり病院がなくなったりしたら、僕たちの家族だけここにぽつんと残って酪農を続けるのは無理ですから」

という彼の言葉に、改めて、人は仕事だけで生きているわけではなく、プロ農家にとっても暮らしの場としての地域の維持が重要であり、農業を産業の視点だけで考えることには限界があることを認識させられる。

ちなみに、国の農政の方針が転換を始めたこともあり、21年度には、福岡県や愛知県も、「半農半X支援事業」を新たに始めている。市町村単位で取り組む事例も登場し始めており、今後、この流れはさらに広がりそうだ。

若い世代の価値観変化と「田園回帰」の潮流

高まる地方移住への関心

これらの自治体の政策は、コロナ禍以前からの若い世代の「田園回帰」の潮流があってこそ生まれてきたものだと思う。バブル崩壊を経て２０００年以降、若い世代が農村に向かう動きが生まれ始めた。

内閣府「地域の経済２０２０〜２０２１」によると、22年卒業予定の大学生や大学院生の57%が、テレワークなどで働く場所が自由に決められる場合には「地方に住みたい」と回答しており、コロナ禍で、若者の地方移住への関心はさらに高まっているようだ。

取材先でＩターンした若者に会うと、特に２００８年のリーマンショック、２０１１年の東日本大震災と福島第一原発事故が、大きな引き金になったと感じる。当時、「アンテナのいいやつほど、今は農村に向かうんですよ」と、Iターン就農した30代の若者に言われたことがあるが、たしかに一部の若い世代には、その頃から生き方や働き方に関するメンタリティの変化が起きていたのだと思う。

２０１６年には「関係人口」[2]という言葉が生まれ、２０１８年には、リクルートホールディングスが、翌19年のトレンド予測で「住まい」領域のキーワードに、「デュアラー」を掲げた。都市と田舎の2拠点で生活することを意味する言葉で、極端な東京一極集中により、部屋の広さやゆとりより利便性を重視した結果、広い空間での郊外生活への憧れが再燃するのではないかとの予測が背景にあった。

特定の業種に「就業」するのではなく、特定の地域で暮らしたいという意思が先にある「就村」という言葉も登場した。その延長線上で、「就村」先では専業農業を志向するのではなく、生計を立てる一部に農業がある、という「なりわい就農」[3]という考え方も生まれてきた。

「地域おこし協力隊」の後押し

「半農半X」と親和性のあるメンタリティだが、この流れを後押しした要素の一つに、09年から始まった総務省の「地域おこし協力隊」の存在もあると感じる。特定の職業を選択するというより、まずは特定の町村を選択するという「就村」が先にある事業だ。

実は同時期に、農水省も「田舎で働き隊」という事業を始めている。「成長産業化」が打ち出される以前の農水省は、この潮流を察知して事業創出に動いたことが感じられるが、その後、同事業は「地域おこし協力隊」と統合され、総務省に事業が移管された。農業分野のジャーナリストとして、今となってはちょっと残念な気もする。

「地域おこし協力隊」への参加者は、09年の89人から徐々に増加し、特に２０１４年度以降は、同年の１６２９人、15年の２７９９人、16年度の４０９０人……と年間１０００人ペースで増加した。２０２０年度には５４６４人に達している。

３年間の任期を終えても地域に残る元隊員が約６割もいる。09年から19年３月末までの卒隊者４８４８人を対象にした総務省調査によると、このうち８８８人が起業し、古民家カフェや農家レストランなどの飲食業や農家民宿などの宿泊業、農産物の通信販売やツアー案内などの観光業などを営んでいる。

一方、２０１７年の（一社）移住・交流推進機構によるアンケートによると、同年の協力隊員の44％が「副業・兼業をしている、あるいは以前していた」と回答し、26％が「兼業・副業したい」と回答している。「就村」が先にあれば、マルチワークは自然な選択肢ということだと思う。

「ごちゃまぜ（共生）社会」と半農半Xの新たな価値

マルチワーカーの受け入れ

このような新たな動きをキャッチし、「関係人口」の創出や「２地域居住」の推進に乗り出したのは、地方創生事業を担当する内閣府や総務省、国交省だった。その中で、筆者が今、最も注目しているのは、２０１９年に総務省事業として始まった「特定地域づくり事業協同組合制度」だ。

市町村単位で事業協同組合を設立して地域の雇用をそこに集約し、業種の枠を超えて地域ぐるみで周年雇用の環境をつくる取り組みで、まさにマルチワーカーの受け入れを前提にしている。

もっとも冒頭で述べたように、これらの施策では、「X」部分の哲学に対するこだわりは希薄で、逆に、かつて島根県の職員からは、「『X』部分にこだわりすぎて行き詰まるケースもある」と聞いた。

島根県でも、「X」部分に関しては、左官、庭師、カメラマン、蔵人などもあるが、最も多いのは「半農半農雇用」（農業法人や集落営農、加工所勤務）で、次に「半農半サービス」（道の駅、ホームセンター、コンビニなどで勤務）となっている。近年は、有機農業などをベースに自立した「農」をめざす人が増えているという。

専業から副業、多業へ

経済成長期は、農業にかぎらず他産業でも、専業化と組織内での専門分化がすすんだ。経済効率を考えれば、それが最も理にかなっていたし、企業も副業を禁止する代わりに終身雇用のかたちで雇用者に応えた。

しかし、低成長時代に入り、さらに人口減少も進行するなかで、もはや一組織だけの自己完結型で事業を継続することも、今の雇用を守ることも難しくなってきたのではないか。コロナ禍以前から、副業を認める会社がぽつぽつと登場していたが、特にコロナ禍後は、社員の副業、多業を認める動きが広がり始めた。

リモートワークが増加するなか、農村取材で企業に勤める若手社員に出会うことも増えている。縦割りに専門化していた社会の境界線をコロナ禍が溶かし始めているのを感じる。

冒頭で紹介した「新しい農村の在り方に関する検討会」の座長を務めた小田切氏は、この現状を踏まえて「ごちゃまぜ（共生）社会」を提唱しているが、「半農半X」という概念は、この潮流の中で新たな価値を持ち始めていると私は思っている。

半農半Xの新たな価値と可能性

もう一つ、これからの農業を考えるうえで、「半農半X」の新たな可能性を感じさせる要素がある。

一つは、農業政策の中で、「脱炭素」をめざす「持続可能な食料システムの構築」が大きな課題になり始めたことだ。

２０２１年5月には、農水省が、有機農業の推進などを盛り込んだ「みどりの食料システム戦略」を打ち出した。実は、この点では欧米が先行しており、２０２０年にEUが、気候・環境戦略の「欧州グリーンニューディール」の農業分野の政策として「Farm to Fork（農場から食卓まで）」という戦略を、同年にアメリカも、「農業イノベーション・アジェンダ」を公表している。

それだけ地球温暖化問題が、地球上で暮らす全世界にとって待ったなしの課題になっているということでもあり、その意味では素直に喜べる話ではない。また、日本の場合、現在は全農地のわずか0・5％前後しかない有機農業の取り組み面積を、2050年までに20％（約100万ha）まで拡大するなど、現状からするとあまりにも〝意欲的〟な数値目標も多く、農業関係者の中には、実現性を疑問視する声も少なくない。

しかし、少なくとも、高度成長期以降の日本で、農業にも市場原理に適合した経済効率を求めるベクトルが強まり続けてきたなか、ここにきて農業政策の中に「環境効率の向上（環境への負荷を最小化する）」というベクトルが加わった意味は大きい。冒頭の「新しい農村政策の在り方検討会」の中間とりまとめも合わせて、農業政策も農村政策も、新しいステージに向かい始めていると感じる。

「半農半X」という言葉で塩見氏が提唱してきた「持続可能な農のある小さな暮らし」の価値が、「環境」という視点から改めて評価される時代。そのうえで、地域に必要とされる「X」にあたる仕事を見つけ、あるいは自分自身で創ろうとする人材を農村が求める時代。そのことに幸せとやりがいを感じる若者が珍しくない時代が、すでに始まっているのかもしれない。

〈注釈〉

（1）多様な人材が活躍できる農業をめざして～パラレルノーカー～（JA北海道中央会）- YouTube

（2）高橋博之著「都市と地方をかきまぜる」光文社新書、2016年

（3）図司直也著・筒井一伸監修「就村からなりわい就農へ田園回帰時代の新規就農アプローチ」筑波書房、2019年

困難な時代を生き抜くために～あとがきに代えて～

危機に面したとき、人はどうしのいで、乗り越えていくのだろう。私の場合は、大学の頃から書きとめてきた先人たちの言葉に救われることが多い。

コロナ禍にあって、思い出されたのが、故梅原猛さんが東日本大震災の際、述べられた「私は思想家として、目前のことに一喜一憂せず、そういう日がこないように確固たる思想を用意しなければならないと思っている」という言葉だった。

「わたしたちの社会がいつの日か、大きな危機を迎えたときに、こんな考え方がかつてあった、こんなやり方もありうるという選択肢をどれだけ用意しておけるかということにかかっている」。これは哲学者・鷲田清一さんの言葉で、「世界について、ときに奇矯とも唐突ともいえるイメージやヴィジョンが描けること」が大事だと鷲田さんはいう。

こうした言葉で私は自分自身を鼓舞する日々だ。半農半Xという言葉が誕生して、四半世紀。半農半Xはもともとはこれからの時代を生きるために、また筆者自身の悩みを解決するために生み落とした言葉だった。

本書が、梅原さんのいう「確固たる思想」に少しでも近づき、鷲田さんがいう「こんなやり方もありうる」という一つの提示に近づけていたらと願う。これから先のさらに困難な時代を生き抜くためのしなやかな思想書となることを祈っている。

編者の一人として　塩見直紀

阿部 巧（あべ たくみ）

1980年、新潟県生まれ。にいがたイナカレッジ事務局長。p.130～

田才泰斗（たさい たいと）

1977年、北海道生まれ。山梨県北杜市在住。ぴたらファームの創設者の一人でファーム長を務める。p.151～

吉野隆子（よしの たかこ）

兵庫県生まれ。オーガニックファーマーズ名古屋代表。全国有機農業推進協議会理事などを務める。p.176～

三好かやの（みよし かやの）

宮城県生まれ。ライター。食と農の現場を主に取材活動を繰り広げる。p.197～

藤山 浩（ふじやま こう）＊

1959年、島根県生まれ。持続可能な地域社会総合研究所所長などを務める。p.227～

宇根 豊（うね ゆたか）＊

1950年、長崎県生まれ。農と自然の研究所代表などを務める。p.247～

榊田みどり（さかきだ みどり）＊

秋田県生まれ。食・農・環境問題を主な分野とするジャーナリスト。明治大学客員教授などを務める。p.265～

◆執筆者紹介・本文執筆分担一覧

執筆順、敬称略（＊印は編者）
p. は執筆分担頁

塩見直紀（しおみ なおき）＊
1965年、京都府生まれ。半農半X研究所代表。p.15 〜、p.283

佐藤 剛（さとう たけし）
1986年、宮城県生まれ。柴田郡川崎町在住。放牧養豚（20頭）、ハム、ベーコンの加工販売。料理人としてもレストランで腕を振るう。p.34 〜

佐藤麻衣子（さとう まいこ）
宮城県生まれ。花や野菜などを栽培。夫の剛とともにレストランを切り盛りする。また、店内を野の花、野菜の花などでディスプレイする。p.34 〜

矢口 拓（やぐち たく）
1972年、長野県生まれ。北安曇郡池田町在住。水田6ha（ほかに農作業受託）。大町登山案内組合所属、北アルプス北部遭難防止対策協会救助隊員など。p.50 〜

橋本 勘（はしもと かん）
1975年、大阪府生まれ。滋賀県長浜市在住。米づくりを主に自給的農業。ながはま森林マッチングセンターの森林環境保全員を務める。p.64 〜

福島明子（ふくしま あきこ）
神奈川県生まれ。奈良市在住。米、野菜づくりのかたわら、週1回、コミュニティナースとして温泉施設での健康相談を受け持つ。p.78 〜

豊田孝行（とよだ たかゆき）
1968年、和歌山県生まれ。紀の川市在住。医師として勤務しながら、自園にてモモと野菜を栽培（約1ha）。自然の郷きのくになどで栽培講習を担う。p.93 〜

三村信也（みむら しんや）
1988年、福岡県生まれ。田川郡香春町在住。地域おこし協力隊3年目。特産のカキ収穫・加工や竹林整備、家畜飼育など多岐にわたる農作業を担う。p.109 〜

出荷用野菜セット
（ぴたらファーム＝山梨県北杜市）

ハナニラのディスプレイ
（mano ＝宮城県川崎町）

●

デザイン――― 塩原陽子　ビレッジ・ハウス
写真・取材協力――― 島根県農林水産部農山漁村振興室
ふるさと島根定住財団　吉賀町産業課
香春町まちづくり課　弘前市農林部りんご課
明日香村観光農林推進課　藤原佳彦　会田法行
松本茂夫　目黒浩敬　津島隆雄　三宅岳　ほか
校正――― 吉田 仁

編者プロフィール（執筆順）

塩見直紀（しおみ　なおき）

半農半X研究所代表。1965年、京都府生まれ。カタログ通販会社勤務後、帰郷して半農半Xの暮らしを実践。半農半Xのコンセプトを提唱し、X探しを支援。総務省地域力創造アドバイザー【決定版】などを務める。著書に『半農半Xという生き方』、『半農半Xの種を播く』（共編著）など。

藤山　浩（ふじやま　こう）

持続可能な地域社会総合研究所所長。1959年、島根県生まれ。島根県中山間地域研究センター研究統括監、国土交通省の小さな拠点を核とした地域構造検討会委員、環境省の持続可能な成長エンジン研究会委員などを歴任。総務省地域力創造アドバイザーなどを務める。著書に『田園回帰１％戦略』、『日本はどこで間違えたのか』など。

宇根　豊（うね　ゆたか）

農と自然の研究所代表。1950年、長崎県生まれ。福岡県農業改良普及員時代から減農薬を提唱したり、虫見板を普及したりして生物多様性の扉をひらく。1989年から就農するかたわら、農の有り様と真価を問いかけ続ける。著書に『農は過去と未来をつなぐ』、『農本主義へのいざない』、『愛国心と愛郷心』、『うねゆたかの田んぼの絵本（全５巻）』など。

榊田　みどり（さかきだ　みどり）

農業ジャーナリスト。秋田県生まれ。生活クラブ生協連合会にて広報室記者として主に農業分野を担当。1990年退職後、フリーで食・農・環境問題などをテーマに農業紙誌、一般誌などで執筆活動を続ける。明治大学客員教授、中山間地域フォーラム理事などを務める。著書に『雪印100株運動』、『だれでも持っている一粒の種』（ともに共著）など。

半農半X《はんのうはんえっくす》　～これまで·これから～

2021年11月15日　第１刷発行

編　　者——塩見直紀《しおみなおき》　藤山《ふじやま》 浩《こう》　宇根《うね》 豊《ゆたか》　榊田《さかきだ》みどり

発 行 者——相場博也

発 行 所——株式会社 創森社

〒162-0805 東京都新宿区矢来町96-4

TEL 03-5228-2270　FAX 03-5228-2410

組　　版——有限会社 天龍社

印刷製本——中央精版印刷株式会社

2021　Printed in Japan　ISBN978-4-88340-353-0　C0061

〝食・農・環境・社会一般〟の本

創森社　〒162-0805 東京都新宿区矢来町96-4
TEL 03-5228-2270　FAX 03-5228-2410
http://www.soshinsha-pub.com
＊表示の本体価格に消費税が加わります

農福一体のソーシャルファーム
新井利昌 著　Ａ５判１６０頁１８００円

西川綾子の花ぐらし
西川綾子 著　四六判２３６頁１４００円

解読 花壇綱目
青木宏一郎 著　Ａ５判１３２頁２２００円

ブルーベリー栽培事典
玉田孝人 著　Ａ５判３８４頁２８００円

育てて楽しむ スモモ 栽培・利用加工
新谷勝広 著　Ａ５判１００頁１４００円

育てて楽しむ キウイフルーツ
村上 覚 ほか 著　Ａ５判１３２頁１５００円

ブドウ品種総図鑑
植原宣紘 編著　Ａ５判２１６頁２８００円

育てて楽しむ レモン 栽培・利用加工
大坪孝之 監修　Ａ５判１０６頁１４００円

未来を耕す農的社会
蔦谷栄一 著　Ａ５判２８０頁１８００円

農の生け花とともに
小宮満子 著　Ａ５判８４頁１４００円

育てて楽しむ サクランボ 栽培・利用加工
富田 晃 著　Ａ５判１００頁１４００円

炭やき教本～簡単窯から本格窯まで～
恩方一村逸品研究所 編　Ａ５判１７６頁２０００円

九十歳 野菜技術士の軌跡と残照
板木利隆 著　四六判２９２頁１８００円

エコロジー炭暮らし術
炭文化研究所 編　Ａ５判１４４頁１６００円

図解 巣箱のつくり方かけ方
飯田知彦 著　Ａ５判１１２頁１４００円

とっておき手づくり果実酒
大和富美子 著　Ａ５判１３２頁１３００円

分かち合う農業ＣＳＡ
波夛野 豪・唐崎卓也 編著　Ａ５判２８０頁 ２２００円

虫への祈り―虫塚・社寺巡礼
柏田雄三 著　四六判３０８頁２０００円

新しい小農～その歩み・営み・強み～
小農学会 編著　Ａ５判１８８頁２０００円

とっておき手づくりジャム
池宮理久 著　Ａ５判１１６頁１３００円

無塩の養生食
境野米子 著　Ａ５判１２０頁１３００円

図解 よくわかるナシ栽培
川瀬信三 著　Ａ５判１８４頁２０００円

鉢で育てるブルーベリー
玉田孝人 著　Ａ５判１１４頁１３００円

日本ワインの夜明け～葡萄酒造りを拓く～
仲田道弘 著　Ａ５判２３２頁２２００円

自然農を生きる
沖津一陽 著　Ａ５判２４８頁２０００円

シャインマスカットの栽培技術
山田昌彦 編　Ａ５判２２６頁２５００円

農の同時代史
岸 康彦 著　四六判２５６頁２０００円

ブドウ樹の生理と剪定方法
シカバック 著　Ｂ５判１１２頁２６００円

食料・農業の深層と針路
鈴木宣弘 著　Ａ５判１８４頁１８００円

医・食・農は微生物が支える
幕内秀夫・姫野祐子 著　Ａ５判１６４頁１６００円

農の明日へ
山下惣一 著　四六判２６６頁１６００円

ブドウの鉢植え栽培
大森直樹 編　Ａ５判１００頁１４００円

食と農のつれづれ草
岸 康彦 著　四六判２８４頁１８００円

半農半Ｘ～これまで・これから～
塩見直紀 ほか 編　Ａ５判２８８頁２２００円